一口干！

TRIO'S 101 SHOTS

三重奏团队（TRIO）著

中国民族文化出版社

北 京

rio café

全世界有十一万七千六百五十二种酒，真的！
酒有六万八千五百七十二种喝法，不骗你！
鸡尾酒有九千八百四十七种，这大家都知道。
但今天我们只有一种做法，一种喝法 ——
Shot！ Shot！ Shot！ 下！ 下！ 下！
因为好喝，我们喝Shot；因为开心，我们喝Shot；
因为分享，我们喝Shot。Shot！ Shot！ Shot！

There are one hundred and seventeen thousand,
six hundred and fifty-two types of alcohol in the world.
It's true! There are sixty-eight thousand,
five hundred and seventy-two ways to drink. No kidding!
There are nine thousand, eight hundred and forty-seven
types of cocktails. We all know that.
Here, we have only one way of making and drinking:
Shot! Shot! Shot! We drink shot because it tastes good.
We drink shot because we are having fun.
We drink shot because we love to share. Shot! Shot! Shot!

CONTENTS

目　录

VODKA / 伏特加

BRANDY / 白兰地

RUM / 朗姆酒

WHISKEY / 威士忌

GIN / 琴酒

TEQUILA / 龙舌兰

OTHERS / 其他

推开酒吧的门

推开酒吧的门，酒要怎么点？这和个人喜好、天气情况及餐前餐后都有关系。通常我们的顺序是这样的：先来一杯高球酒（Highball）润口解渴，再点杯鸡尾酒考验一下调酒师的功夫，接着慢饮加了冰块的古典酒（Old-fashioned），最后畅快地来一口Shot。其实，酒调得好不好喝，既和技术有关，也和人有关——调酒师对客人的观察、理解及双方的交流互动，都会影响最后喝下那口酒的心情。简单来说，喝酒是主观且感性的，而有些事从一开始就决定了！

TOOLS

工 具

Shaker

雪克杯

雪克杯专门用来调制材料不容易均匀混合的鸡尾酒。标准的雪克杯为三件式：下座、隔冰器和上盖。使用时先放入冰块，再放其他材料，然后盖上隔冰器，最后加上盖。摇酒完成后，将酒透过隔冰器倒出。摇酒时间以不超过20秒为宜，避免冰块融化，稀释了酒的风味。使用后，记得立刻清洗。

Measure Cup

量酒杯

量酒杯是一种双头量杯。一般来说，两头的容量分别为1盎司（30毫升）和1.5盎司（45毫升），可用于计量酒类或果汁的分量。

Bar Spoon

吧匙

吧匙是搅拌鸡尾酒材料的工具。一端是叉子，通常用来叉柠檬片和樱桃等水果；另一端是汤匙，用于搅拌酒或捣碎配料；中间的长柄呈螺旋状扭转。此外，吧匙的大小和茶匙一样，可以代替茶匙用来计量。

Strainer

过滤器

这种过滤器是调酒时，搭配调酒杯使用的隔冰滤器，可防止冰块或水果的种子掉入酒杯中。扁平的过滤板四周附有一圈螺旋钢丝，以便过滤器适用于各种尺寸的调酒杯。

Muddler

捣拌棒

捣拌棒的底部为球状，用来捣碎饮料中的水果或香料。通常较大的捣拌棒搭配调酒杯使用，较小的则给饮酒者使用，兼具装饰效果。

GLASSWARE

酒 杯

1. 葡萄酒杯

WINE GLASS

根据不同地区和葡萄酒的品种特性，发展出各种杯口、杯身、杯颈比例和尺寸的葡萄酒杯，但造型大同小异。杯身从底部至杯口朝内侧微收，弧形的角度如同郁金香花朵，倒酒时注入1/3 ~ 1/2，依杯形而定。

2. 一口杯

SHOT GLASS

在口语中，“Shot”指“少量酒”，约一口吞下的分量，适合任何纯饮的酒类。一口杯的容量有Single（30毫升）和Double（60毫升）两种，适合一饮而尽的喝法。

3. 老式酒杯

OLD-FASHIONED GLASS

杯口口径较大的老式酒杯，通常在喝威士忌等烈酒加冰块时使用。因为冰块在酒吧里被称为“Rock”，所以这种杯子又被称为“Rock Glass”。

4. 鸡尾酒杯

COCKTAIL GLASS

鸡尾酒杯的杯身呈倒三角形，附杯脚，是浅饮型鸡尾酒专用的杯子。杯中不可加冰块，装饰物可以挂在杯口。

5. 高球杯

HIGHBALL GLASS

平底的高球杯适合饮用时间较长、需要加冰块的调酒或果汁，成品常搭配搅拌棒、吸管或水果等装饰品。它与可林杯（Collins Glass）外形相似，但可林杯口径小、杯形较窄且高，适用于盛装添加碳酸饮料的鸡尾酒。

6. 香槟杯

CHAMPAGNE GLASS

香槟杯可分为宽口碟形（Champagne Saucer）和细长笛形（Champagne Flute）两种。前者可用来在派对中堆叠香槟塔使用；后者则是喝香槟酒常用的杯子，杯身细长且口窄，有利于保持香槟的气泡，还能边喝边欣赏气泡向上升的缤纷画面。

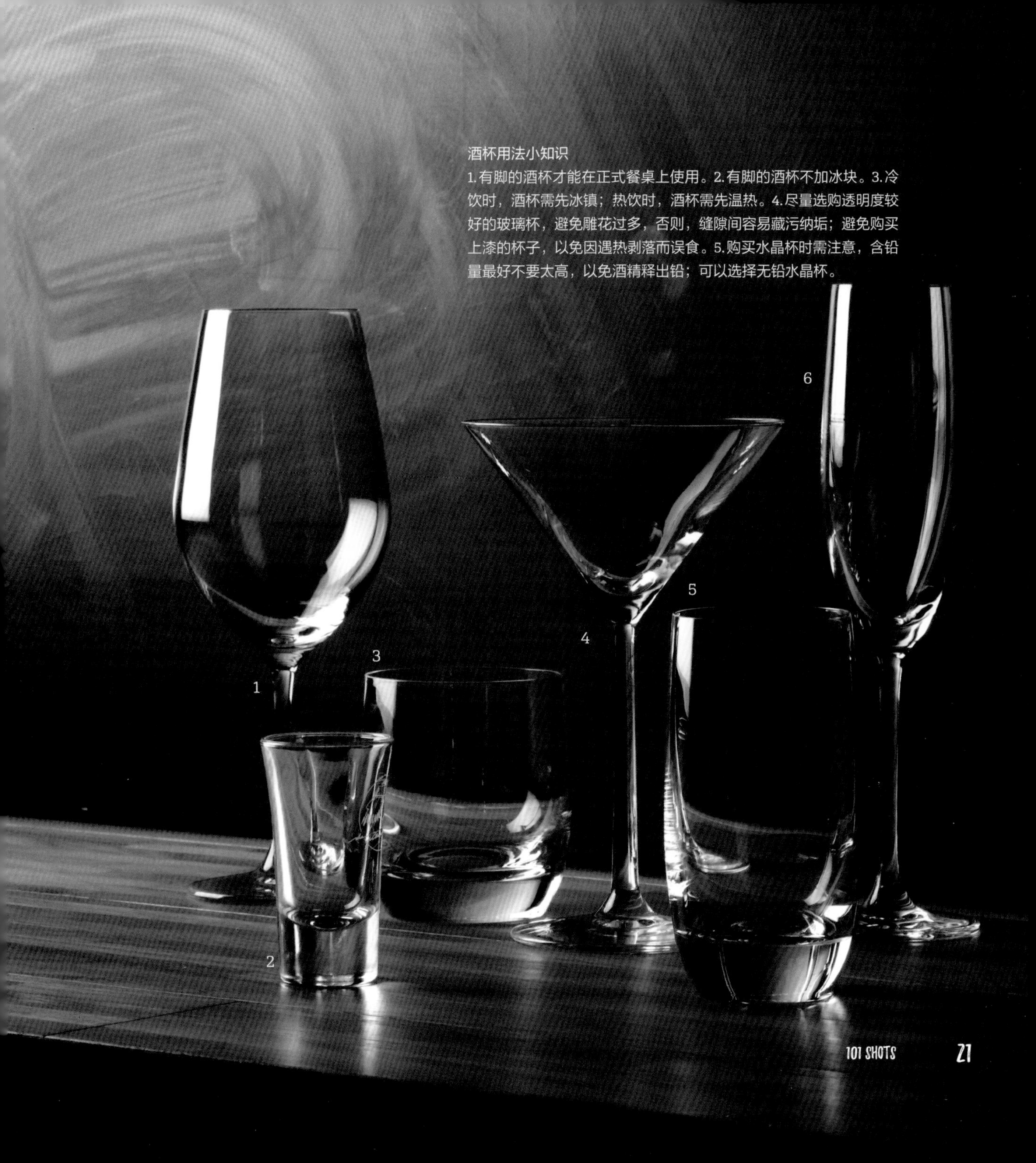

酒杯用法小知识

1.有脚的酒杯才能在正式餐桌上使用。2.有脚的酒杯不加冰块。3.冷饮时，酒杯需先冰镇；热饮时，酒杯需先温热。4.尽量选购透明度较好的玻璃杯，避免雕花过多，否则，缝隙间容易藏污纳垢；避免购买上漆的杯子，以免因遇热剥落而误食。5.购买水晶杯时需注意，含铅量最好不要太高，以免酒精释出铅；可以选择无铅水晶杯。

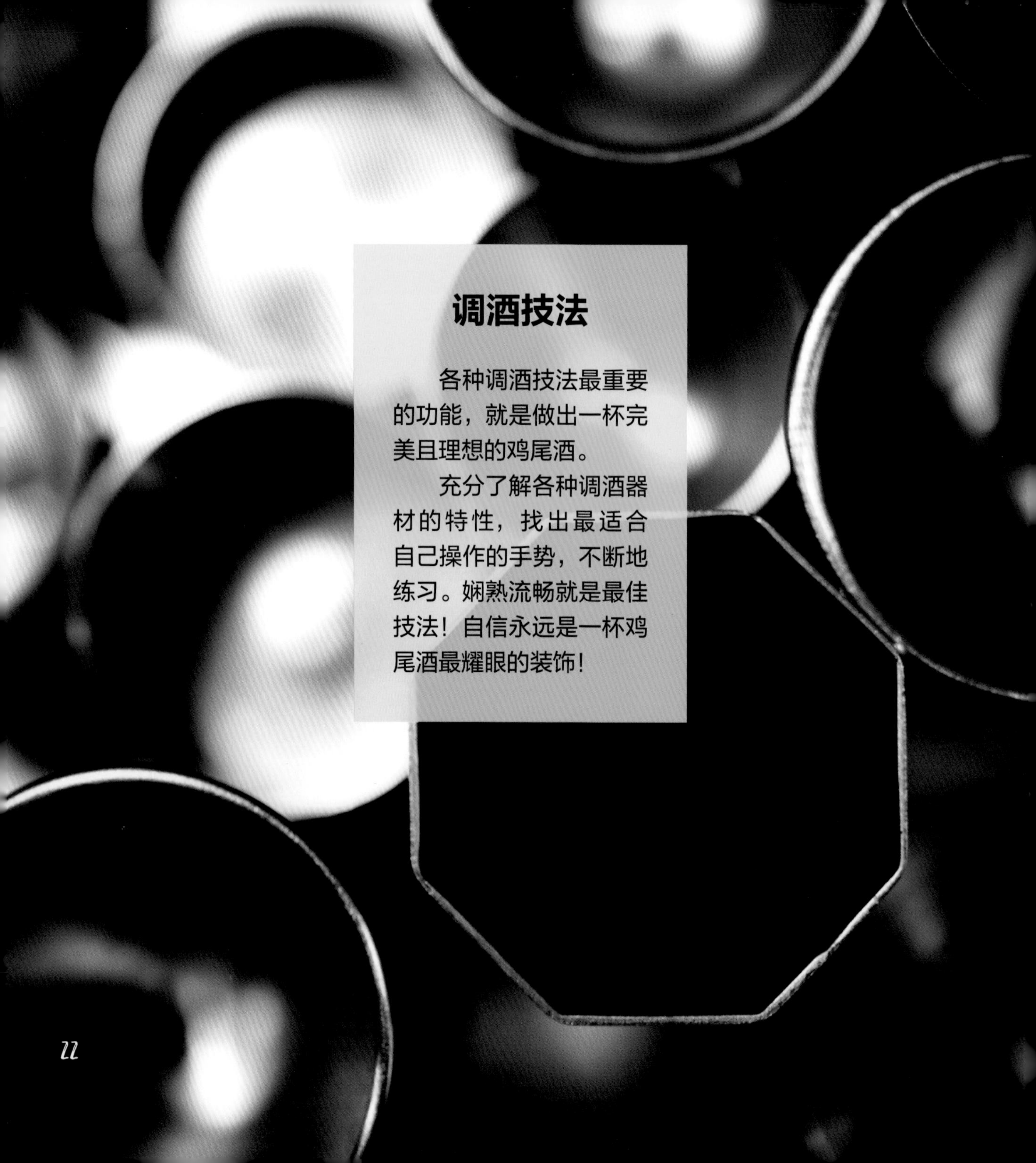

调酒技法

各种调酒技法最重要的功能，就是做出一杯完美且理想的鸡尾酒。

充分了解各种调酒器材的特性，找出最适合自己操作的手势，不断地练习。娴熟流畅就是最佳技法！自信永远是一杯鸡尾酒最耀眼的装饰！

BUILD

直调

直调法是最简易的调酒法，无须任何器材，只要将材料注入成品杯中即可，多用于调制材料简单且容易混合的鸡尾酒。

1.将冰块放入成品杯中；量取酒类材料。

2和3.将酒类材料倒入成品杯中。

4.无须搅拌，加入其他材料至满杯即可。

LAYER

分层

　　分层法非常简单，可直接用酒嘴将材料注入成品杯中，也可使用吧平匙辅助分层。要注意的是每种材料的比重差异，多数情况下会将比重较大的材料优先注入成品杯中。

1.将比重较大的材料用酒嘴注入成品杯中。

2和3.以吧平匙辅助，将平底底部贴在液体的表面上。

4.沿着螺旋柄缓缓注入比重较小的材料，完成分层即可。

STIR

搅拌

搅拌法主要使用的器具为调酒杯和吧匙。将材料和冰块一起放入调酒杯中，以吧匙搅拌。搅拌的时间避免太久，否则会过度稀释酒精成分。

1. 量取材料。

2和3. 在搅拌杯中先放入冰块，再倒入材料，以吧匙旋转搅拌。

---

4. 将酒液倒入成品杯中即可。

SHAKE

摇荡

摇荡法使用的器具为雪克杯。可将所有材料和冰块放入雪克杯中，利用摇荡，使材料充分且快速地混合冷却。摇荡的过程会让空气融入鸡尾酒中，饮用时口感更顺口清爽。

1. 量取需要的材料，倒入雪克杯。

2. 加入冰块，盖紧雪克杯的上盖。

3. 双手握紧雪克杯，来回摇荡。

4. 取下杯盖，将充分混合的酒液倒入成品杯中即可。

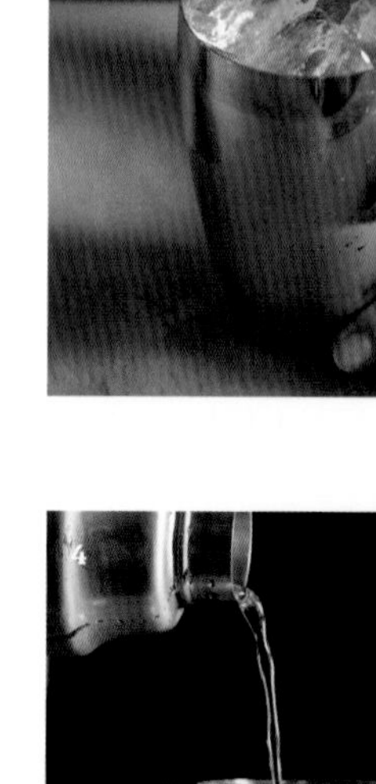

BLEND

混合

混合法使用的器材为果汁机或电动料理棒，多用于搅打霜冻型调酒；也可以打出果汁，搭配基酒与副原料，制作鸡尾酒。

1. 量取需要的材料，倒入电动料理机或果汁机中。

2. 以电动搅拌棒或果汁机将材料打匀（可视需求过滤果渣）或打成霜冻状。

3和4. 倒入成品杯中即可。

1

2

3

4

MUDDLE

捣碎

捣碎法使用的器具为捣拌棒，多用于捣碎新鲜香草或水果，压出果汁，并释出香气。捣压时要注意力度，避免过度捣压。

1. 将需要捣压出汁的材料放入成品杯中，以捣拌棒捣压。

2. 倒入酒液。

3. 以吧匙稍微调匀。

4. 将碎冰和其他材料放入杯中即可。

TRIO自制风味

一位专业的调酒师，不但要熟记一两百种传统鸡尾酒的配方，操作更要熟练精准。一家地道的酒吧，总是要有几杯属于它或调酒师的特色鸡尾酒！酒要特别，自然要动些脑筋、花些功夫，制作出一些独家材料。多学、多问、多试，一定可以调出自己的秘密武器！

伯爵茶酒

伏特加………… 750毫升
伯爵茶……………… 50克
细白砂糖………… 110克

将伯爵茶放入容器中，倒入伏特加，搅拌均匀。浸泡25分钟后过滤，再加入细白砂糖，搅拌至细白砂糖溶化即可使用。

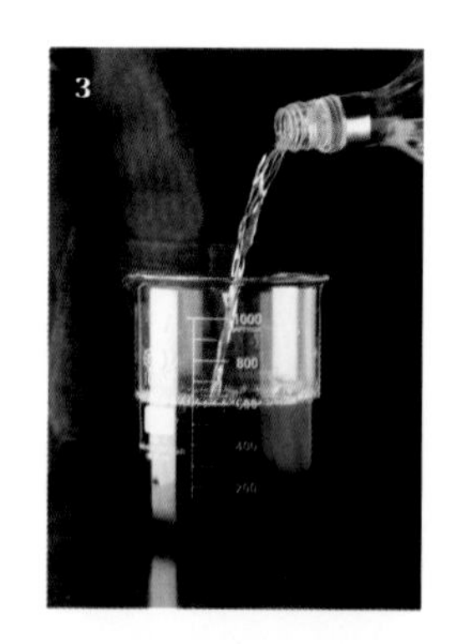

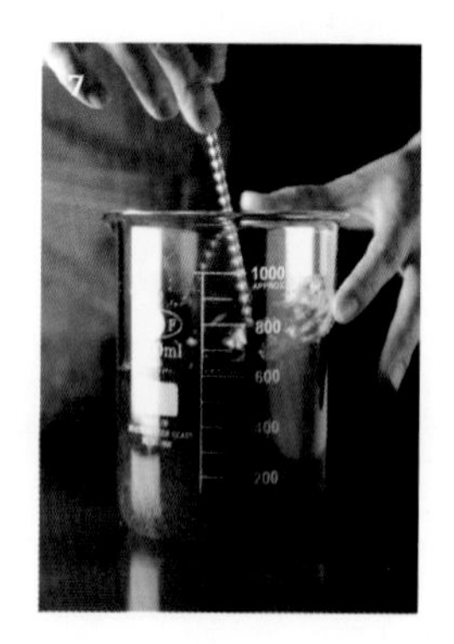

洛神糖浆

干燥洛神花……… 50克
热水………… 400毫升
细白砂糖……… 300克

将干燥洛神花放入容器中，倒入热水，浸泡24小时后，过滤出洛神花茶，再加入细白砂糖，搅拌至溶化即可使用。建议选用台东洛神花，风味醇厚。

HOW TO READ

如何阅读本书

Vanilla Vodka

Frangelico

沙漠绿洲

PEANUT COOKIE

2

先吃涂了花生酱的小饼干，吃到口干舌燥时喝Shot，仿佛在沙漠中看到绿洲一样。尾韵带来的香草和榛果味，会在唇齿间回味。

3

材料 5 5份 香草伏特加
5份 榛果利口酒

装饰 6 Ritz 饼干
花生酱

做法 将所有材料连同冰块倒入三
倒出，搭配涂了花生酱的Ri

Ingredients
5 parts Vanilla Vodka
5 parts Frangelico

Garnishes
Ritz Cracker
Peanut Butter

1.本书以基酒为分类标示：伏特加VODKA、琴酒GIN、威士忌WHISKEY、朗姆酒RUM、白兰地BRANDY、龙舌兰TEQUILA、其他OTHERS。

2.以材料取得或做法的复杂程度为标准，由易至难分别以酒杯数量1～5来表示。

3.调酒师的创作理念或品饮特色。

4.以6个指标显示这杯Shot的风味特性。强度（Intensity）→表示这杯Shot的酒精浓度高低，以及饮用时的风味刺激度。甜度（Sweet）→甜味，除了酒的风味之外，影响因素还有糖浆或果汁等。酸度（Sour）→酸味高低，多来自果汁酸度多寡，如柠檬汁。层次（Complexity）→酒液的口感层次和复杂度。苦度（Bitter）→源自苦精的使用和影响。香气（Aroma）→整体香气的呈现高低。

5.由上至下，以注入酒杯的顺序排列，中英文材料分区并陈。※材料总和为10份，可依成品所需，按比例换算液体体积（毫升）。

6.搭配Shot一起品饮的食材，依调酒师希望呈现的品饮风味，而有先吃后喝或先喝后吃的差异。（可见喝法标示）

吧台后的灵魂人物
——调酒师

TRIO'S

Bartenders

这一刻，吧台后的人物——调酒师，读懂了你的心思，
将所有暧昧的、明亮的、愉快的、悲伤的都注入杯中，
一口Shot，一切都好！

Q1.调酒对你来说是什么？Q2.调酒师生涯中令你印象最深刻的事是什么？
Q3.最喜欢的一杯酒是哪一杯？

WILLIAM

王灵安

A1：对的时间、对的人、对的马提尼！

A2：用自己的技术和见识，加上用心，与喝酒的人搭起一座和谐的桥梁。

A3：为一位患重病的女客人调了一杯无酒精的鸡尾酒，虽然她不是很满意。

CODY

余振中

A1：调酒师除了要调出好喝的酒之外，还要懂得在适当的时候给予客人适合的饮料。因此我觉得调酒有时是一门艺术。

A2：在酒吧里认识了很多好朋友和好同事，有些甚至就像家人一样，我一辈子都不会忘记。

A3：每个阶段喜欢的口味不太一样，以前喜欢喝甜的，现在比较喜欢喝酒体厚重一点、不太甜的，甚至略带苦味的，如Queen's Park Swizzle 。

MONICA

吴钰柔

A1：刚进入这个行业时，“调酒”对我而言只是一份工作，后来逐渐发展成我的兴趣，直到现在。

A2：刚开始学调酒时，什么都不会，师父教什么、做什么，我照做一遍，还不太爱学。当时的我以为调酒师的工作只是调调酒、洗洗杯和擦擦瓶子。后来一位前辈用很严厉的口吻对我说：“调酒师每天除了这些基本工作以外，平常还要多看报纸和杂志，了解时事和流行，懂酒类知识，精进技能，你以为这份工作这么简单吗？”那次之后，我才了解，调酒师并不是一份简单随便的工作。

A3：TRIO的招牌——伯爵茶酒。因为同事一看到我，不用开口就会给我超大杯的茶酒，大概同事都觉得我很喜欢。

小君

林家君

A1：调酒是生活的调味剂。

A2：我刚入行时认识了一位常客，他是台湾大学的物理教授。一次机缘巧合下，我成了教授的助理，让我有机会在校园当个假台大生。白天做助理，晚上在酒吧打工。不过最后我还是选择了喜爱的吧台工作。

A3：Amaretto Sour！本人就是喜欢那甜滋滋的味道；另外我还喜欢加蛋清的版本，增添绵柔滑顺的口感，下次不妨在完美的餐后来杯餐后酒，拥有一个完美的结尾吧！

万万

万清岑

A1：调酒是人生的必需品，无论喜怒哀乐，总有一杯适合当下心情的调酒等着你品尝。

A2：在当吧台助手时，一天一位愁容满面的客人坐在吧台前。虽然他是第一次来店里，我们做的也是一般性的服务，调酒师和客人聊了一会儿。当客人要离开时，起身对调酒师说：“今天很开心，酒也很好喝，谢谢你。”虽然是简单的几句话，但看着他的微笑，我想这就是服务业的初衷吧！

A3：据说，Side Car是第一次世界大战末期，由巴黎一间酒馆发明的。一名美国军官带着下属去酒馆，点了一杯以白兰地为基底的酒暖暖身子。调酒师为他们调制出这杯酒，并且以他们的摩托车边车来命名。

SUKAZ

豫诠

A1：调酒是生活的一种化学药剂，既增添生活趣味，又带给爱酒人满足感和小确幸。

A2：从兼职到全职，到希望突破大众对调酒固有的思维定式，一步步成长，面对越来越艰难的关卡。调酒对我来说已经不仅仅是一份工作，而是我人生的一块拼图。没有了它，我不完整。

A3：Gin Tonic。其实刚入行时，我很不适应琴酒的味道，每次喝一定会反胃想吐。后来慢慢克服，当我了解了琴酒的故事、历史和风味后，就深深地被杜松子所吸引。

杰西

王泷贤

A1：调酒像是一种媒介，它能让基酒变成更讨人喜欢的东西，容易入喉，以达到微醺的效果（也因此，TRIO的调酒使用的基酒从不少于两份），成为人际间的润滑剂。而独自一人坐在吧台时，点一杯有层次的调酒，在品尝其复杂的风味同时，也审视自己五味杂陈的人生，静下来与自己对话。

A2：形形色色的人都是一面面镜子，提醒你该成为什么或不该做什么。如果要说一件具体的事情，那就是因为这份工作交到了女朋友，至今还在稳定交往中。

A3：最爱的调酒是Gin Fizz，琴酒、柠檬汁、糖和苏打水，看似简单的元素，但在调制过程中，若有一两个环节没拿捏好，便会走味非常明显。这种简约却不简单的东西，才令我觉得特别有魅力吧！

小佑

陈建佑

A1：刚入行时，觉得调酒只是一份工作，每天操作同样的事情。现在对我来说，调酒是一种学习，不停地进取，才能不愧对调酒师这种职业。

A2：当每位客人喝完我为他们调制的饮品后，对我说："很好喝哟，谢谢！"这些真诚的道谢声，都会深刻地留在脑海中。

A3：Aviation这杯酒诞生于20世纪初。当时莱特兄弟刚发明了飞机，每个人都为了能飞上天际而努力着，为了向这样的精神致敬而诞生了这杯经典调酒。怪不得每次喝完它，就有股想起飞的感觉呢！

MIKI

薛庭欢

A1：每一杯都是独一无二的人生安慰剂。

A2：人称“调酒教父”的王灵安老师，有一次坐在吧台前，心血来潮要我为他调一杯Side Car。只记得当时的我身上满是浓郁的菜味，手抖得连Jigger都快拿不稳，第一次体会什么叫心脏在喉间跳动。但这也成为我迈向调酒师的一个里程碑。自此之后，谁在我面前我都无所惧了……

A3：Negroni。苦味冲击刺激着味蕾，刺激后随之而来的甘甜风味却令人备感陶醉。唯有亲酌一口，才能尝出那苦味中伴随而来的乐趣，人生就是要这样不断地自我疗愈啊！

理性饮酒

伏特加

Vodka

伏特加口感柔和，易于搭配，

但我们必须强调，它绝对不是毫无个性，

用它调制鸡尾酒，也绝不是只为了增加酒精浓度。

各地都有属于自己的烈酒。伏特加最早产自东欧地区，“Vodka”一词就是从俄语“Voda”（水）变化而来。

伏特加的原料可以是玉米、大麦、小麦、黑麦或马铃薯，甚至葡萄。基本上，只要是含淀粉或能产生糖类进行发酵的农作物，都能用来制作伏特加。伏特加的制作流程是将原料发酵，蒸馏至高酒精度后，再用木炭或石英砂过滤，以此制作工艺产出的酒，品质稳定，晶莹剔透，且无异味。

欧盟这样定义伏特加：“将农作物蒸馏出的乙醇原液，用活性炭过滤，去除刺激特性后制成的酒。”由此我们可以得知，与其他烈酒相比，伏特加属于中性酒，它的精髓在于纯粹，清爽细腻且没有杂味。

这样的酒对调酒师来说，是最容易搭配和塑造个性的基酒。它可以接受任何与它调和在一起的味道，但又不只是酒精加水那么简单。放眼世界，许多国家和地区都生产伏特加，如俄罗斯、波兰、美国、加拿大、芬兰、瑞士、日本和中国，品牌众多，品项丰富，无论纯饮，还是用于调酒都各有特色。

酒的流行趋势，与人们品酒喜好的转变及价格有关，伏特加因其亲民的价格和细致淡雅的风味成为酒界的宠儿，备受人们喜爱。

TEA SHOT

醉伯爵

材料	5份　市售百香果泥 5份　自制伯爵茶酒
做法	在成品杯中依次注入百香果泥→自制伯爵茶酒即可。
喝法	干杯。

Ingredients

5 parts Passion Fruit Puree

5 parts Homemade Earl Grey Vodka

Method of drinking

Bottoms up.

强度

甜度　香气

酸度　苦度

层次

一半百香果汁，一半伯爵茶酒，完美的香醇原萃。其实，这杯伯爵茶酒的灵感就是从百香红茶来的。

Homemade Earl Grey Vodka
Passion Fruit Puree

Christmas bitters

Vanilla Vodka

寂寞圣诞夜

LONELY CHRISTMAS

寂寞的恋人最怕过节……不如跟寂寞干一杯，试着幸福地去了解，并跟它交个朋友吧！“Hi！Merry Christmas！”

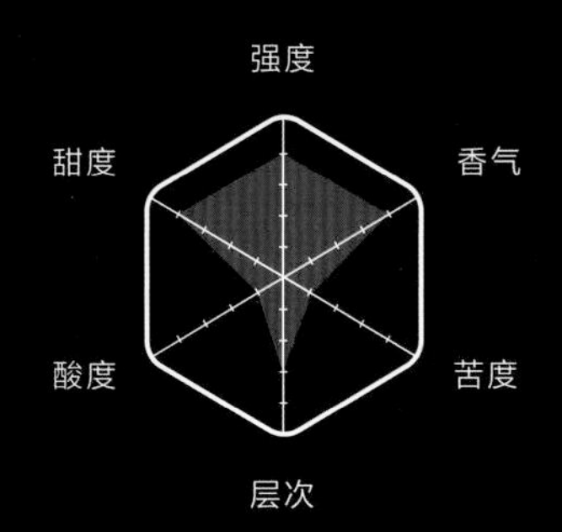

材料 10份 香草伏特加
1滴 圣诞节苦精

喝法 一口吃完焦糖水果夹心后干杯。

装饰 焦糖猕猴桃
焦糖草莓
细白砂糖

做法 在成品杯中依次注入香草伏特加→圣诞节苦精，将焦糖猕猴桃和焦糖草莓放在杯上，再撒上细白砂糖即可。

备注 圣诞节苦精拥有冬季的标志性香气，如橙皮、豆蔻和丁香等，也是香料热红酒中常使用的香料，它是属于圣诞节的美好印记。

Ingredients
10 parts Vanilla Vodka
1 drop of Christmas Bitters

Method of drinking
Eat the caramelized fruit sandwich then shoot the shot.

Garnishes
Caramelized Kiwi Fruit
Caramelized Strawberry
Fine Sugar

热咖啡

HOT COFFEE

这是一杯热的Shot，有点像爱尔兰咖啡的变化版。将威士忌换成咖啡口味的伏特加，加入冰冷的刚打发的鲜奶油，让热酒变得不烫嘴，很适合天冷时来一杯。

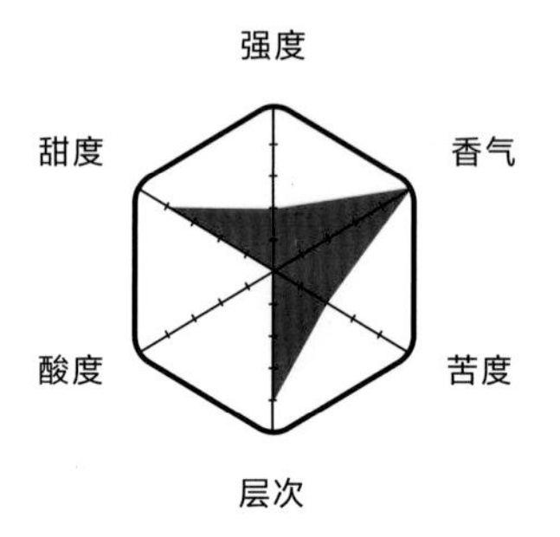

材料 4份 浓缩咖啡
4份 咖啡伏特加
2份 打发鲜奶油

装饰 豆蔻粉

做法 在成品杯中依次注入浓缩咖啡→咖啡伏特加→打发鲜奶油，再撒上豆蔻粉即可。

喝法 在打发鲜奶油融化之前，缓缓一饮而尽。

Ingredients

4 parts Espresso
4 parts Espresso Vodka
2 parts Whipped Cream

Garnishes

Ground Nutmeg

Method of drinking

Drink before the whipped cream melts.

Whipped Cream

Espresso Vodka

Espresso

WORLD'S BEST COCKTAILS

Vanilla Vodka

VODKA

斯巴达

SPARTA

　　这杯酒取名斯巴达，是因为基酒使用了瑞典伏特加Svedka，发音有点像“Sparta（斯巴达）”。香草肉桂糖，让你从地狱到天堂。

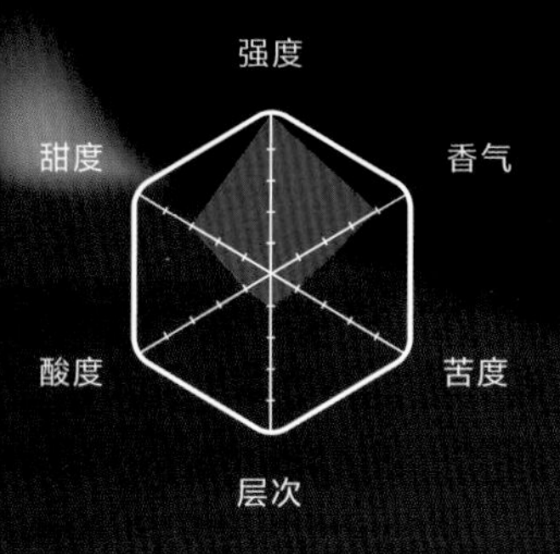

材料	10份　香草伏特加
装饰	撒了肉桂糖的橙子角
做法	在成品杯中注入香草伏特加，搭配撒了肉桂糖的橙子角即可。 ※橙子先冰镇过，口感较佳。
喝法	先喝酒再吃橙子。
备注	肉桂糖：肉桂粉与砂糖按1：2的比例拌匀即成。

Ingredients
10 parts Vanilla Vodka

Garnishes
Cinnamon Sugar Coated Orange Wedge

Method of drinking
Shoot the shot then eat the orange.

情人果

GREEN MANGO

♠♠

在芒果成熟的季节，将新鲜的青芒果腌制后冰镇，搭配柠檬伏特加。酸酸甜甜的味道，让人想起小时候海霸王的最后一道甜点。

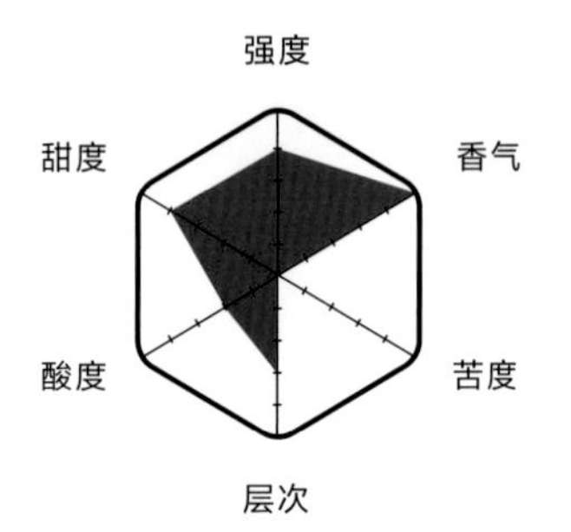

材料　4份　柠檬香甜酒
4份　柠檬伏特加
2份　新鲜柠檬汁

装饰　市售情人果冰沙

做法　在成品杯中依次注入柠檬香甜酒→柠檬伏特加→新鲜柠檬汁，再搭配情人果冰沙即可。
※所有酒类材料必须事先冰镇。

喝法　先喝酒再吃冰沙。

Ingredients
4 parts Limoncello
4 parts Lemon Vodka
2 parts Lemon Juice

Garnishes
Green Mango Smoothies

Method of drinking
Shoot the shot then eat the smoothies.

♡ VODKA

Lemon Vodka

Lemon Juice

Limoncello

Apple Vodka

Lemon Juice

Pear Syrup

希腊礼物

ACHAEAN'S GIFT

西洋梨被古希腊诗人荷马赞为“上帝的礼物”，它肉质柔软多汁、清香爽口，与苹果伏特加搭配，融为一体的香气和口感，保证让你一杯接一杯。

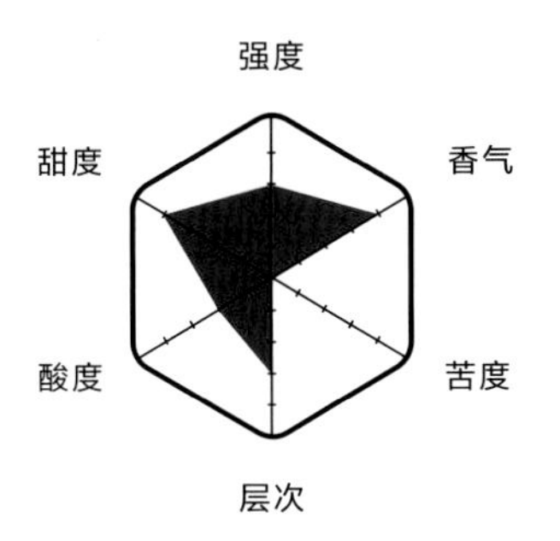

材料 4份 自制洋梨糖浆
1份 柠檬汁
5份 苹果伏特加

装饰 西洋梨一小片

做法 在成品杯中依次注入自制洋梨糖浆→柠檬汁→苹果伏特加，在杯口放一小片西洋梨片即可。

喝法 先喝酒再吃西洋梨。

备注 洋梨糖浆：将西洋梨果肉100克与砂糖100克混合，煮至浓稠即成。

Ingredients
4 parts Pear Syrup
1 part Lemon Juice
5 parts Apple Vodka

Garnishes
Pear Slice

Method of drinking
Shoot the shot then eat the fruit.

UME

乌梅

乌龙茶的香醇在口中回甘，搭配微酸生津的腌梅子，清爽的口感特别适合夏天饮用。

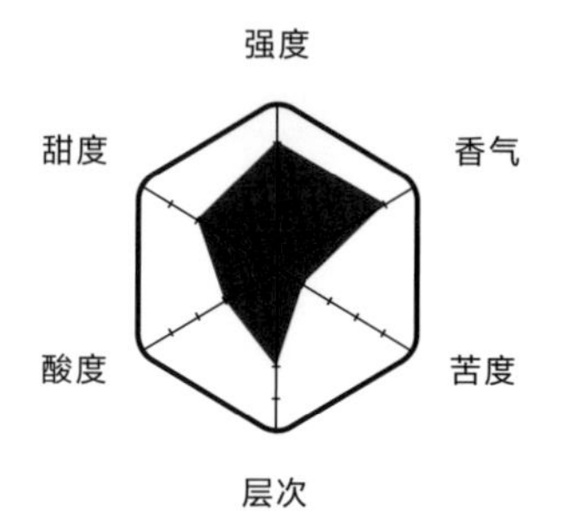

材料 4份 蜜李香甜酒
1份 柠檬汁
5份 自制乌龙茶伏特加

装饰 市售腌绿茶梅子1颗

做法 在成品杯中依次注入蜜李香甜酒→柠檬汁→自制乌龙茶伏特加，搭配腌绿茶梅子即可。

喝法 先喝酒再吃梅子。

备注 乌龙茶伏特加：将700毫升伏特加倒入50克乌龙茶中，浸泡20分钟后，滤出茶叶，再加入50克细白砂糖，搅拌至细白砂糖溶化即可。

Ingredients

4 parts Plum Liqueur
1 part Lemon Juice
5 parts Homemade Oolong Vodka

Garnishes

Green Tea Pickled Plum

Method of drinking

Shoot the shot then eat the plum.

Homemade
Oolong Vodka
Lemon Juice
Plum Liqueur

巧克力蛋糕

CHOCOLATE CAKE

♠♠♠

这杯调酒的构思源自一位法国客人的指点，在原始搭配的基础上，稍微改变了一些做法。焦糖柠檬片和香草、榛果搭配，柠檬的酸度让这杯Shot甜而不腻，就像黑森林蛋糕的味道。

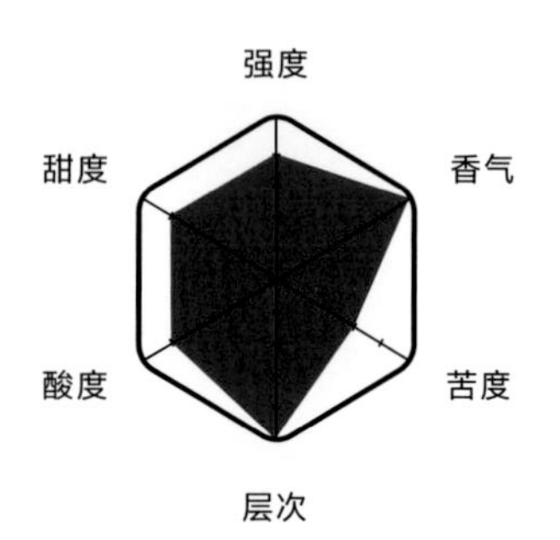

材料　5份　榛果香甜酒
　　　　5份　香草伏特加

装饰　焦糖黄柠檬片

做法　在成品杯中依次注入榛果香甜酒→香草伏特加，搭配焦糖黄柠檬片即可。

喝法　先吃柠檬片再喝酒。

Ingredients

5 parts Hazelnut Liqueur

5 parts Vanilla Vodka

Garnishes

Caramelized Lemon Slice

Method of drinking

Eat the garnish then shoot the shot.

VODKA
Vanilla Vodka
Hazelnut Liqueur

Homemade Vanilla
Cream Vodka
Vanilla Liqueur

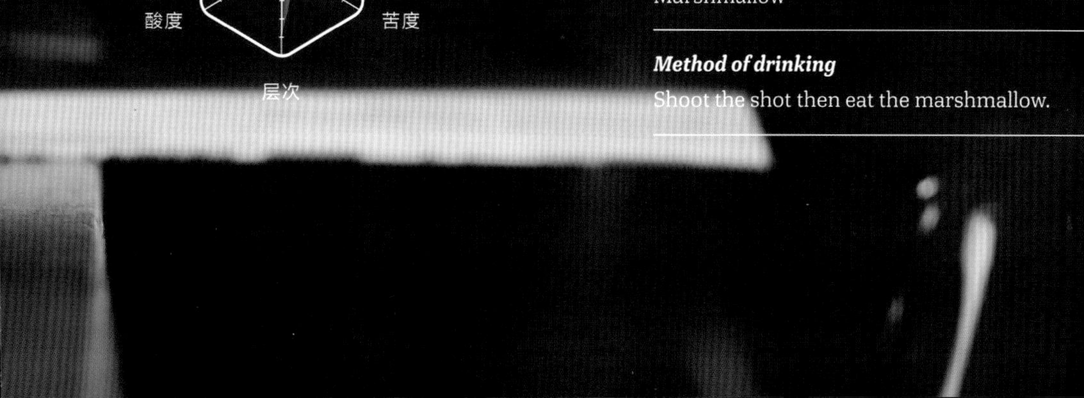

Method of drinking

Shoot the shot then eat the marshmallow.

Vanilla Vodka

White Chocolate Liqueur

白色森林

WHITE FOREST

♠♠

香草牛奶搭配带点苦味的抹茶冰激凌，恰到好处的甜度，让香气在口中再三回味。因为某一天与朋友的午茶小聚，让爱吃冰激凌的我，想把这种成人感的香甜与喜欢的酒结合在一起，那一定很迷人吧！

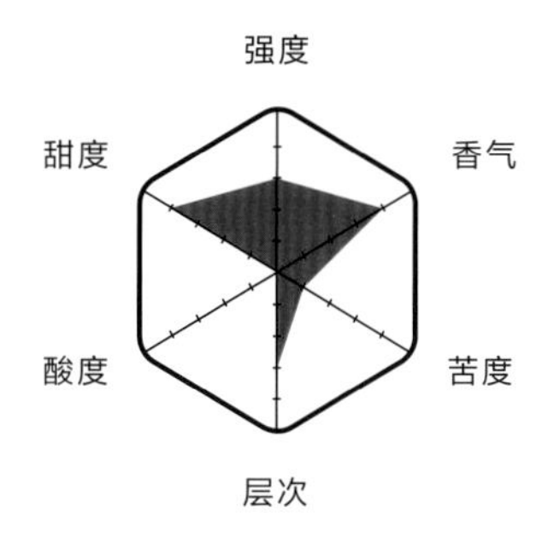

材料 5份 白巧克力香甜酒
5份 香草伏特加

装饰 抹茶冰激凌

做法 在成品杯中依次注入白巧克力香甜酒→香草伏特加，搭配抹茶冰激凌即可。

喝法 先喝酒再吃冰激凌。

Ingredients
5 parts White Chocolate Liqueur
5 parts Vanilla Vodka

Garnishes
Matcha Ice Cream

Method of drinking
Shoot the shot then eat the ice cream.

Homemade
Ceylon
Tea Vodka

Creme Liqueur

Coffee Liqueur

24小时，7天

247

24小时、7天，循环成一个周期。以一天开始到结束所需的元素为构思，用咖啡香甜酒+奶酒+锡兰红茶酒，创作出这杯247。

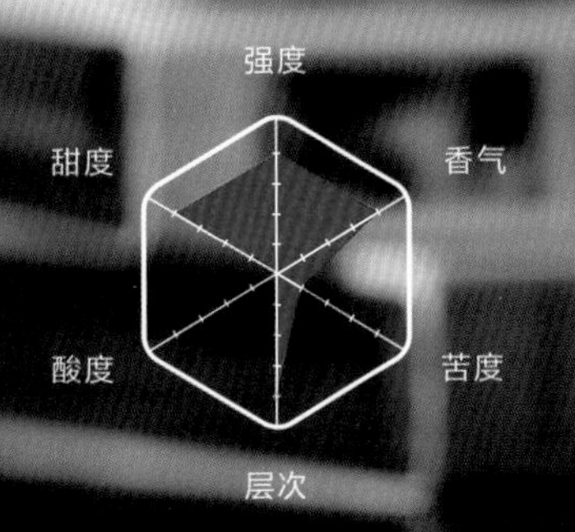

材料 1份 咖啡香甜酒
2份 奶酒
7份 自制锡兰红茶酒

做法 在成品杯中依次注入咖啡香甜酒→奶酒→自制锡兰红茶酒即可。

喝法 直接纯饮。

备注 锡兰红茶酒：将750毫升伏特加与20克锡兰红茶混合均匀，浸泡25分钟后滤出茶叶，加入100克细白砂糖搅拌均匀即可。

Ingredients
1 part Coffee Liqueur
2 parts Creme Liqueur
7 parts Homemade Ceylon Tea Vodka

Method of drinking
Cheers.

♠♠♠

CANDIED APPLE

伊甸园

材料	3份　苹果利口酒 7份　苹果伏特加
装饰	焦糖青苹果
做法	在成品杯中依次注入苹果利口酒→苹果伏特加，搭配焦糖青苹果即可。
喝法	先喝酒再吃青苹果。

Ingredients

3 parts Apple Liqueur
7 parts Apple Vodka

Garnishes

Caramelized Apple

Method of drinking

Shoot the shot then eat the garnish.

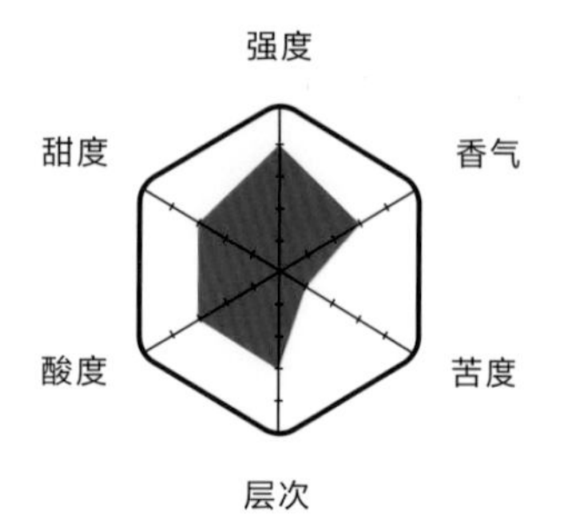

冰镇过的苹果伏特加，搭配焦糖青苹果，除了苹果的香气，还带来清爽的口感，让这款Shot除了酒精以外，多了一些小惊喜。

Apple Vodka
Apple Liqueur

Pineapple Vodka
Southern Comfort
Lemon Juice

初夏

CANDIED PINEAPPLE

菠萝是南方具有代表性的水果之一。这款酒使用带有热带水果风味的南方安逸香甜酒和菠萝伏特加，再加入柠檬汁，调出酸甜平衡兼具热带风味的Shot。

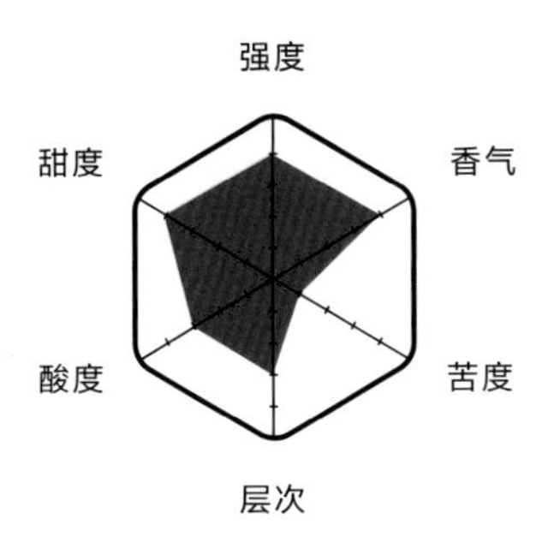

材料 3份 南方安逸香甜酒
1份 柠檬汁
6份 菠萝伏特加

装饰 焦糖菠萝

做法 在成品杯中依次注入南方安逸香甜酒→柠檬汁→菠萝伏特加，搭配焦糖菠萝即可。

喝法 先喝酒再吃菠萝。

Ingredients
3 parts Southern Comfort
1 part Lemon Juice
6 parts Pineapple Vodka

Garnishes
Caramelized Pineapple

Method of drinking
Shoot the shot then eat the garnish.

Vanilla Vodka
Frangelico

沙漠绿洲

PEANUT COOKIE

先吃涂了花生酱的小饼干，吃到口干舌燥时喝Shot，仿佛在沙漠中看到绿洲一样。尾韵带来的香草和榛果味，会在唇齿间回味。

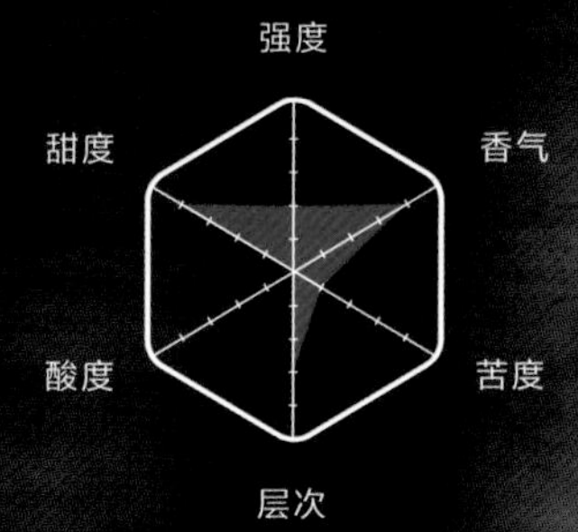

材料 5份 香草伏特加
5份 榛果利口酒

喝法 先吃饼干再喝酒。

装饰 Ritz饼干
花生酱

做法 将所有材料连同冰块倒入三件式调酒器中，充分摇晃后滤冰倒出，搭配涂了花生酱的Ritz饼干即可。

Ingredients
5 parts Vanilla Vodka
5 parts Frangelico

Garnishes
Ritz Cracker
Peanut Butter

Method of drinking
Eat the cookie then take the shot.

仲夏比基尼

BIKINI

以专属于热带的椰子与菠萝的风味，佐以脑海中的阳光、沙滩、比基尼……幻想仲夏的美好假期，和你一起在海边吹吹风……

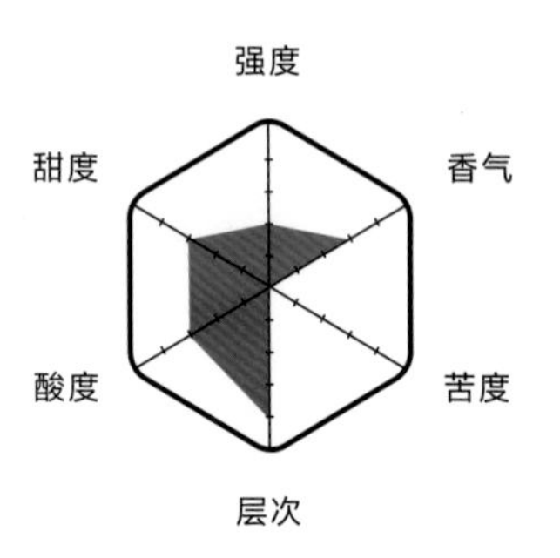

材料　5份　椰子香甜酒
　　　　5份　菠萝伏特加

装饰　焦糖菠萝角

做法　在成品杯中依次注入椰子香甜酒→菠萝伏特加，搭配焦糖菠萝角即可。

喝法　先喝酒再吃菠萝。

Ingredients

5 parts Malibu Coconut Liqueur
5 parts Pineapple Vodka

Garnishes

Pineapple Wedge

Method of drinking

Shoot the shot then eat the pineapple.

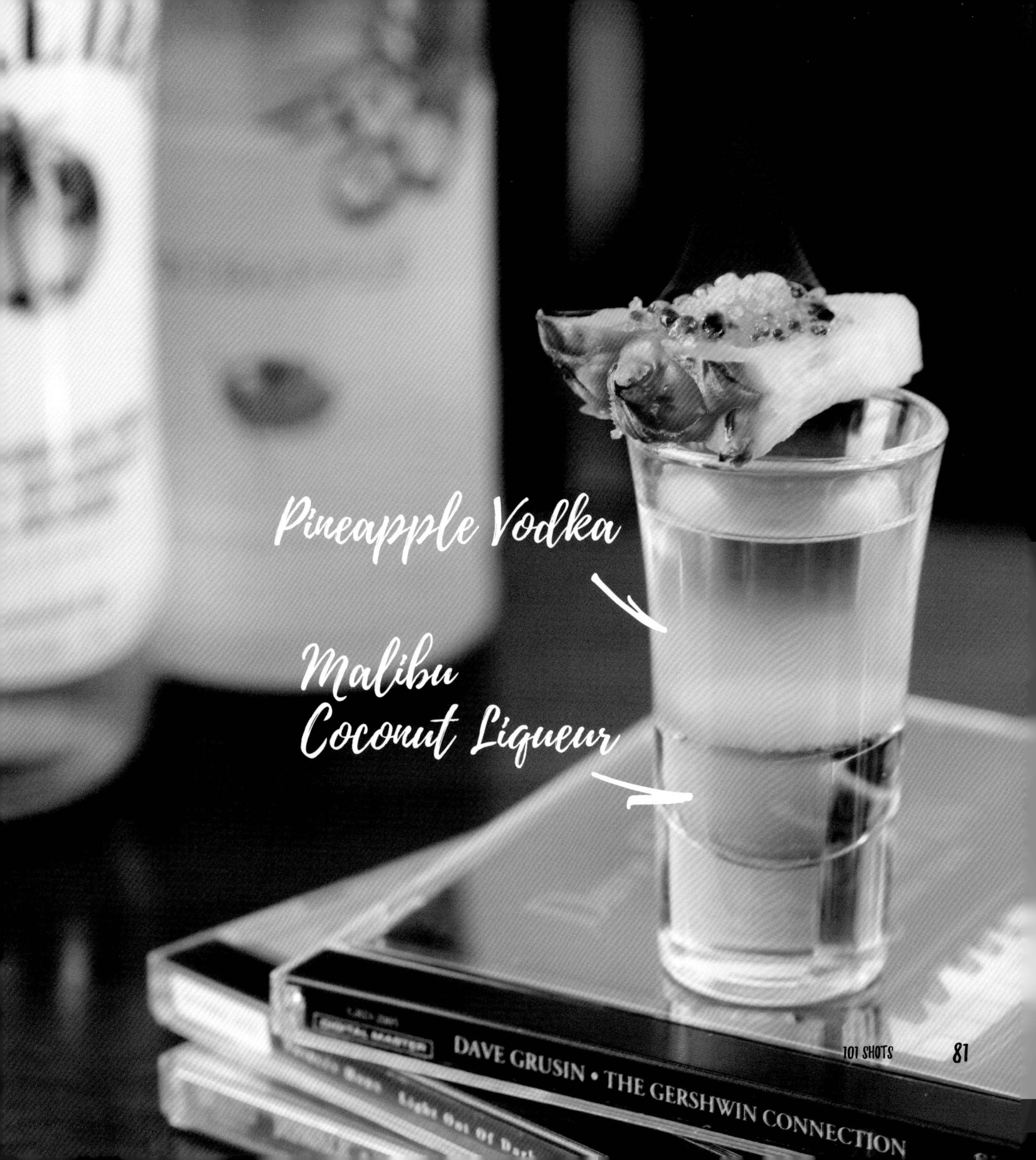

Pineapple Vodka

Malibu
Coconut Liqueur

Homemade Earl Grey Vodka

Lemon Juice

Charleston Follies

荒唐伯爵

COUNT RIDICULOUS

♠♠

由伯爵茶Shot萌生的念头，用荒唐查理代替百香果泥，再加点柠檬汁。荒唐查理热带水果的味道，让酒体口感更加扎实、层次更丰富，很适合喜欢酒精浓度高一点的人。

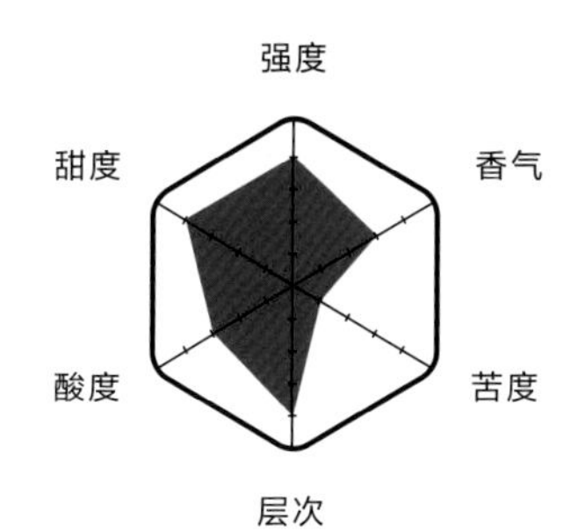

材料　3份　荒唐查理
1份　柠檬汁
6份　自制伯爵茶酒

喝法　直接纯饮。

做法　在成品杯中依次注入荒唐查理→柠檬汁→自制伯爵茶酒即可。

Ingredients

3 parts Charleston Follies

1 part Lemon Juice

6 parts Homemade Earl Grey Vodka

Method of drinking

Cheers.

晨

MORNING

喜欢洋甘菊茶的香气和回甘的口感。选用毛豆作为原料，则是想尝试咸味调酒，却意外地调出Morning。入口是豆奶甜甜的口感，紧接着洋甘菊特有的香气会在口中蔓延开来。

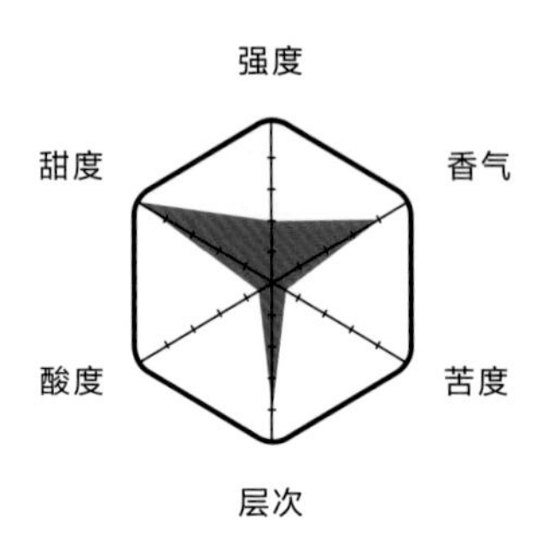

材料 5份 自制洋甘菊伏特加
25克 熟毛豆
3份 鲜奶油
2份 糖水

喝法 将毛豆蘸少许酒，喝完酒再吃毛豆。

装饰 熟毛豆3颗
鲜奶油2滴

做法 将熟毛豆、鲜奶油、糖水和自制洋甘菊伏特加混合打匀后过滤，倒入Shot杯中，滴入鲜奶油，再以熟毛豆装饰即可。

备注 洋甘菊伏特加：将干燥洋甘菊2克与100毫升伏特加混合，浸泡15分后过滤即可。

Ingredients
5 parts Homemade Chamomile Vodka
25g Edamame
3 parts Cream
2 parts Syrup

Method of drinking
Dip the beans in the alcohol, take the shot then eat the beans.

Garnishes
3 Edamame Beans
2 drops of Whipping Cream

Edamame
Homemade Chamomile Vodka
Cream
Syrup

Chocolat Raspberry Vodka
Coffee Liqueur

黑色粉红

BLACK PINK

莓果类虽然味道偏酸，但是酸酸甜甜的莓果冰沙和同样源自浆果的咖啡则令人意外地合拍，再结合覆盆子的香气，就像夏日午后吃刨冰解渴，有种舒畅的爽快。

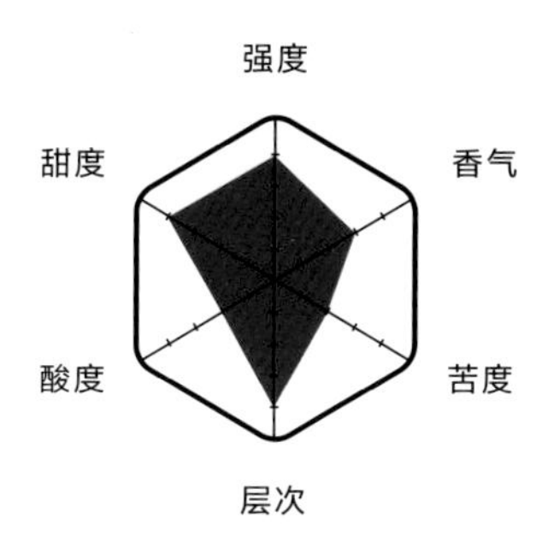

材料 3份 咖啡香甜酒
7份 覆盆子巧克力伏特加

装饰 市售莓果冰沙

做法 在成品杯中依次注入咖啡香甜酒→覆盆子巧克力伏特加，搭配莓果冰沙即可。
※覆盆子巧克力伏特加也可用覆盆莓伏特加替代。

喝法 先吃冰沙再干杯。

Ingredients
3 parts Coffee Liqueur
7 parts Chocolat Raspberry Vodka

Garnishes
Berries Smoothies

Method of drinking
Eat the sorbet then take the shot.

Yogurt Sorbet

Peach Vodka

Peach Liqueur

GUT BLESS U!

肠胃棒棒

材料 2份 水蜜桃香甜酒
4份 水蜜桃伏特加
4份 酸奶冰沙

做法 将原味酸奶加少许冰，打成酸奶冰沙。在成品杯中依次注入水蜜桃香甜酒→水蜜桃伏特加→酸奶冰沙即可。

喝法 干杯。

Ingredients

2 parts Peach Liqueur
4 parts Peach Vodka
4 parts Yogurt Sorbet

Method of drinking

Bottoms up.

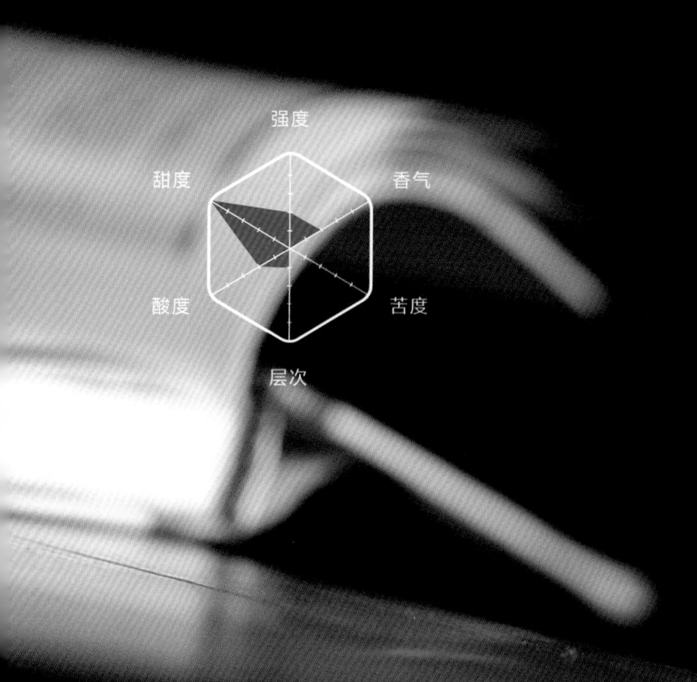

这是我在喝乳酸菌饮料时想到的构思，于是立刻尝试着调制。因为要打成冰沙，所以改用酸奶，这样才不会过稀。不过这杯Shot对于牙齿容易敏感的朋友来说是一大挑战吧！

嫦娥

LADY IN THE MOON

中秋节会让人想起玉兔及嫦娥奔月的故事；桂花则带有秋天的风味。酸甜滋味的苹果蘸桂花酿，搭配台湾制造的带有米香的兔子伏特加，这种滋味是不是特别应景呢？

材料 10份 伏特加

装饰 桂花酿
苹果1片

做法 在成品杯中注入伏特加，搭配蘸了桂花酿的苹果片即可。

喝法 先喝酒再吃苹果。

Ingredients

10 parts Vodka

Garnishes

Osmanthus Jam

Apple Slice

Method of drinking

Dip apple slice in osmanthus jam, take the shot then eat the apple.

VODKA

Vodka

包叶仔

PAAN

白葡萄和苹果伏特加甜甜的水果香，搭配甜罗勒的特殊香气，意外综合出些许番石榴的香味。为了增加葡萄的味道，再加入蜜思缇葡萄香甜酒。

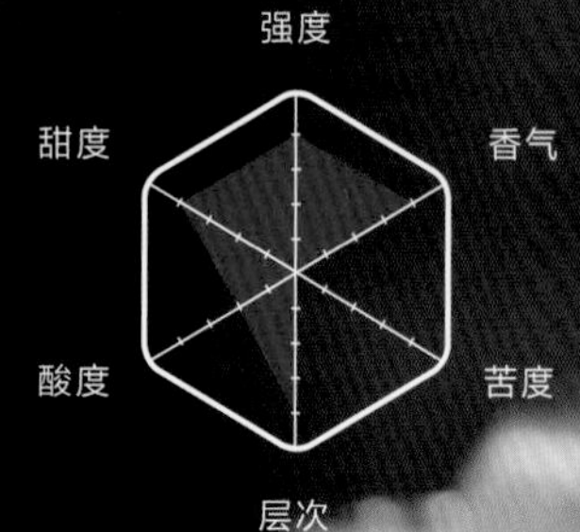

材料 3份 蜜思缇葡萄香甜酒
2份 新鲜柠檬汁
5份 苹果伏特加

喝法 先喝酒再吃水果。

装饰 甜罗勒叶
白葡萄

做法 在成品杯中依次注入蜜思缇葡萄香甜酒→新鲜柠檬汁→苹果伏特加，用甜罗勒叶包起白葡萄，以牙签串起，装饰酒杯即可。※苹果伏特加必须事先冰镇。

Ingredients
3 parts Mistia
2 parts Lemon Juice
5 parts Apple Vodka

Method of drinking
Shoot the shot then eat the fruit.

Garnishes
Basil Leaves
White Grape

Apple Vodka

Lemon Juice

Mistia

Absinthe
Irish Cream
Mandarin Vodka
Blue Curaçao

蛇魔女

MEDUSA

漂亮的分层Shot，如同最初在雅典娜神殿里当仕女的美杜莎一样美丽。它以艾碧斯为主体，入口后像变身成顶着满头毒蛇的希腊女妖美杜莎，可以充分感受到酒的浓烈。

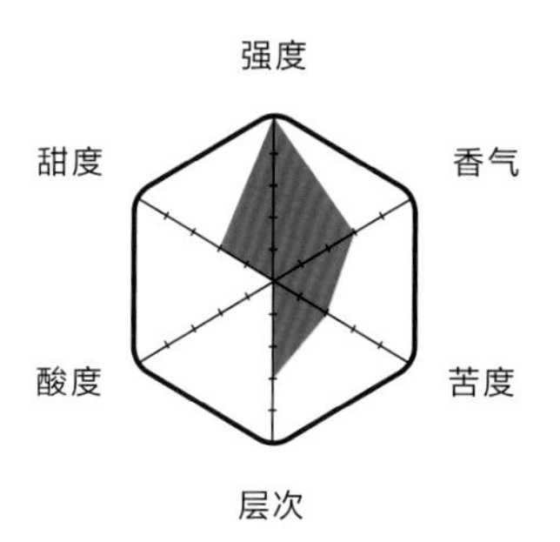

材料 2份 蓝柑橘香甜酒
6份 柑橘伏特加
2份 70%艾碧斯
3~5滴 奶酒

做法 在成品杯中依次注入蓝柑橘香甜酒→柑橘伏特加→70%艾碧斯，再用小吸管滴入3～5滴奶酒即可。

喝法 一饮而尽。

Ingredients

2 parts Blue Curaçao
6 parts Mandarin Vodka
2 parts Absinthe
3 or 5 drops of Irish Cream

Method of drinking

Bottoms up.

BUBBLE TEA

♠♠♠

月牙泉

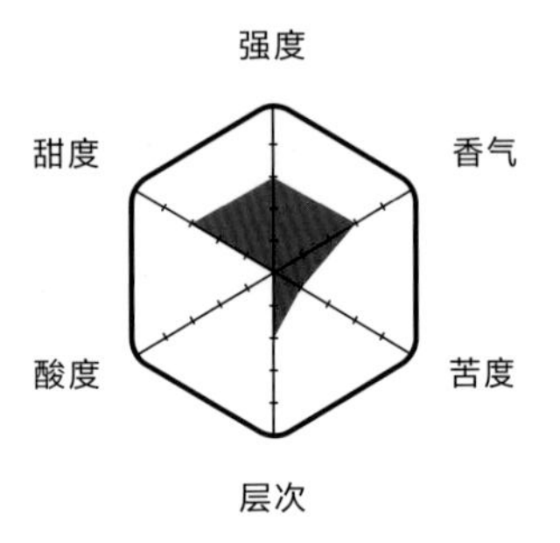

材料 1匙 珍珠粉圆
5份 鲜奶
5份 自制台茶18号红玉伏特加

做法 在成品杯中依次注入珍珠粉圆→鲜奶→自制台茶18号红玉伏特加即可。

喝法 用吸管一口气吸食珍珠粉圆与酒。

备注 台茶18号红玉伏特加：将750毫升伏特加倒入50克台茶18号红玉红茶叶中，浸泡25分钟后滤出茶叶，再加入110克细白砂糖搅拌均匀，装瓶冷藏保存即可。

Ingredients

1 tsp. Small Tapioca Pearls
5 parts Milk
5 parts Homemade #18 Taiwan Ruby Black Tea Vodka

Method of drinking

Suck the pearls and shot with straw.

每个人心中一定有一杯最好喝的珍珠奶茶，就让回忆停留在某个时间点上，也许是最美好的……

Milk

Homemade #18
Taiwan Ruby
Black Tea Vodka

Small
Tapioca Pearls

香草天空

VANILLA SKY

睁开双眼，你能分辨梦境与真实吗？每一分钟都有可能改变一生……

“对你而言，快乐是什么？”

“对我而言，快乐是和你在一起！”

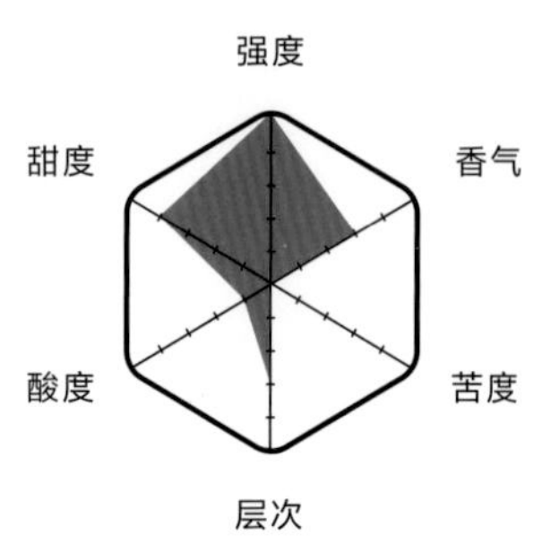

材料 5份 香草伏特加
5份 陈年朗姆酒

装饰 香草冰激凌
猕猴桃丁
菠萝丁

做法 在成品杯中依次注入香草伏特加→陈年朗姆酒，搭配加了猕猴桃丁和菠萝丁的香草冰激凌即可。

喝法 干杯后一口吃下加了水果丁的冰激凌。

Ingredients

5 parts Vanilla Vodka
5 parts Aged Dark Rum

Garnishes

Vanilla Ice Cream
Chopped Kiwi Fruit & Pineapple

Method of drinking

Scoop a spoonful of ice cream, top with chopped fruits.
Shoot the shot then eat the fruit ice cream.

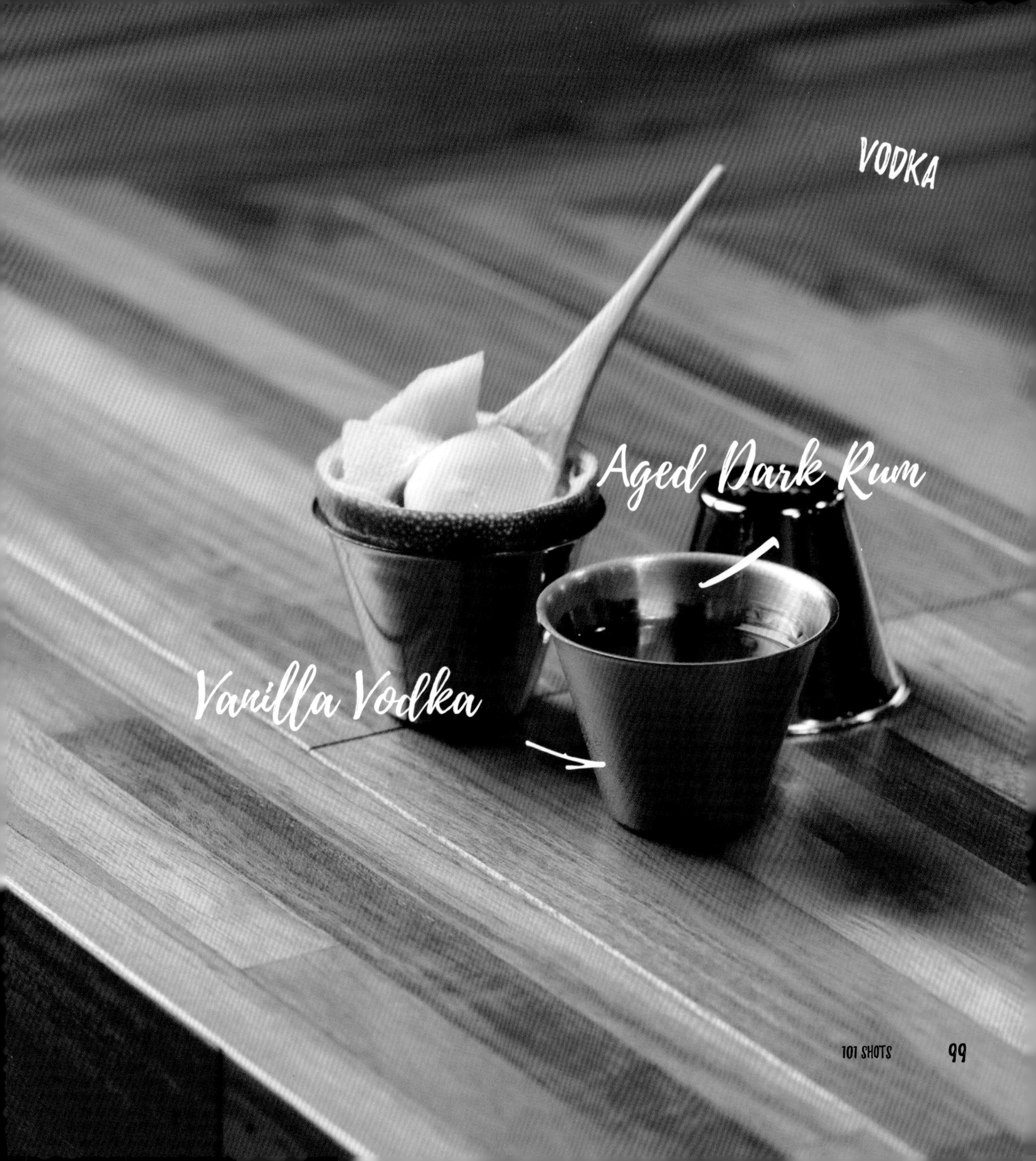

Aged Dark Rum

Vanilla Vodka

Mandarin Vodka

Grapefruit Liqueur

Fresh Lime Juice

JAZZ·CLUB·PIANO

BILL EVANS/CALIFORNIA HERE I COME

给黛比的华尔兹

WALTZ FOR DEBBY

♠♠

每个人身边总有位任性却又可爱的黛比公主。喝下这杯由苦味、酸味及甜味组成的三重奏，这一刻，我只想静静地牵着你，跟随华尔兹轻轻地摇摆。

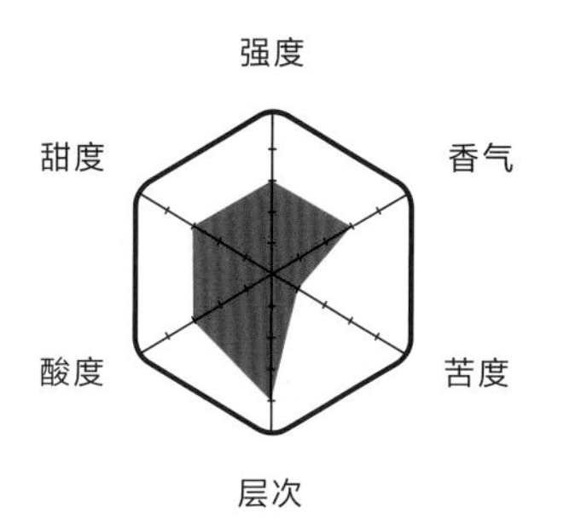

材料 3份　葡萄柚香甜酒
2份　新鲜青柠汁
5份　柑橘伏特加

装饰 葡萄柚角

做法 在成品杯中依次注入葡萄柚香甜酒→新鲜青柠汁→柑橘伏特加，搭配葡萄柚角即可。

喝法 干杯后吃葡萄柚。

Ingredients
3 parts Grapefruit Liqueur
2 parts Fresh Lime Juice
5 parts Mandarin Vodka

Garnishes
Grapefruit Wedge

Method of drinking
Shoot the shot then eat the fruit.

Mandarin Vodka

Fresh Lime Juice

Fanda Orange Soda

MY LITTLE ORANGE

♠♠

小橘宝

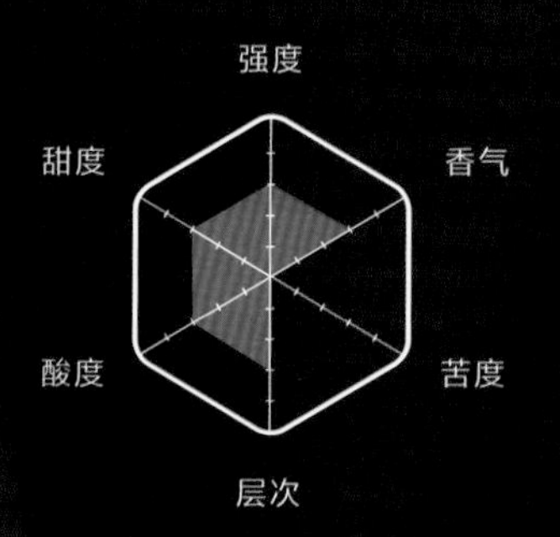

材料 4份 芬达橘子汽水
1份 新鲜青柠汁
5份 柑橘伏特加

装饰 橘子角

做法 在成品杯中依次注入芬达橘子汽水→新鲜青柠汁→柑橘伏特加，搭配橘子角即可。

喝法 干杯后吃橘子。

Ingredients

4 parts Fanda Orange Soda
1 part Fresh Lime Juice
5 parts Mandarin Vodka

Garnishes

Orange Wedge

Method of drinking

Shoot the shot then eat the garnish.

从前，我有个可爱又贤惠的女朋友叫小橘，因情非得已，她在林森北路做公关。当时的日子虽然拮据，但小橘的温柔常让我心里甜甜的，我们还约定肚子里的小宝贝要叫小橘宝……好了鲁蛇，快醒醒吧！你根本没有女朋友……

Peach Vodka
Cranberry Juice

黑涩会美眉

WOO WOO

“woo ～ woo ～”是红极一时的综艺节目《我爱黑涩会》上课前的口号。身为一个7年级前段班的宅宅调酒师，有这样的构思也是很正常吧！啊，不多说了，冰块要融化了！好喜欢大牙……

P.S.大牙是当时黑涩会美眉中的女神兼班长。

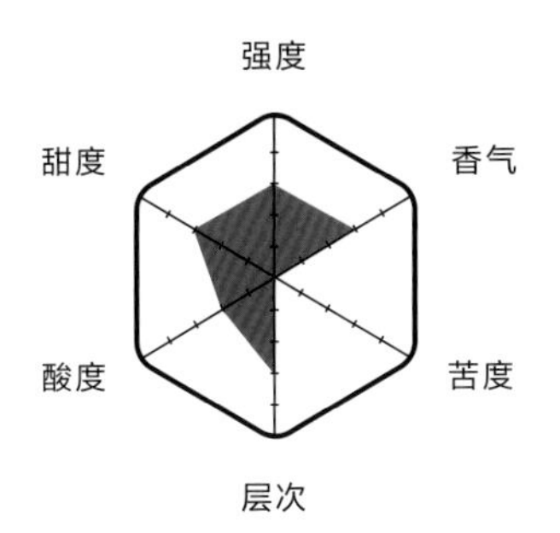

材料 5份 蔓越莓汁
5份 水蜜桃伏特加

装饰 水蜜桃角

做法 在成品杯中依次注入蔓越莓汁→水蜜桃伏特加，搭配水蜜桃角即可。

喝法 干杯后吃水蜜桃。

Ingredients

5 parts Cranberry Juice

5 parts Peach Vodka

Garnishes

Peach Wedge

Method of drinking

Shoot the shot then eat the fruit.

SWEET DREAMS

甜美的梦

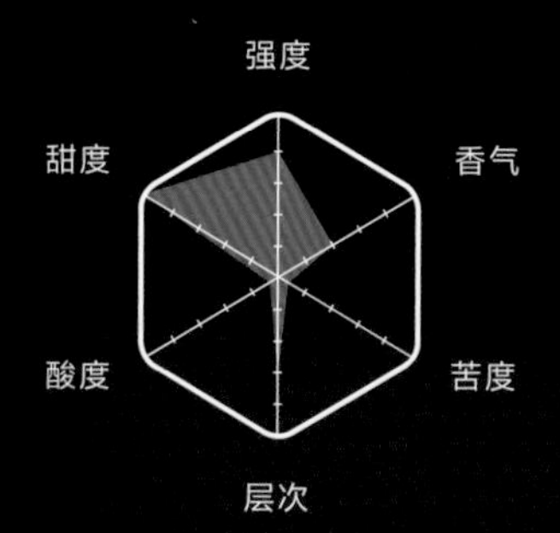

材料 1份 榛果香甜酒
2份 香草香甜酒
7份 苹果伏特加

做法 在成品杯中依次注入榛果香甜酒→香草香甜酒→苹果伏特加即可。

喝法 直接纯饮。

Ingredients
1 part Frangelico
2 parts Vanilla Liqueur
7 parts Apple Vodka

Method of drinking
Cheers.

无酒不欢，所以有时“适量的”互相“伤害”是必须的。至于这个标准和分寸应当如何把握，大概需要花一辈子的时间来学习拿捏吧！Sweet dreams are made of this（甜美的梦境由此而生）！

Apple Vodka
Vanilla Liqueur
Frangelico
THE SIMON & SCHUSTER POCKET
GREAT CITIES/PARIS

Homemade Oolong Vodka

Homemade Jasmine Vodka

茶点仔

LOVE TEA HOUSE

♠♠♠♠

苦涩无味的乌龙，发霉的瓜子，疲惫老去的阿姨……这杯岁月就干了吧！

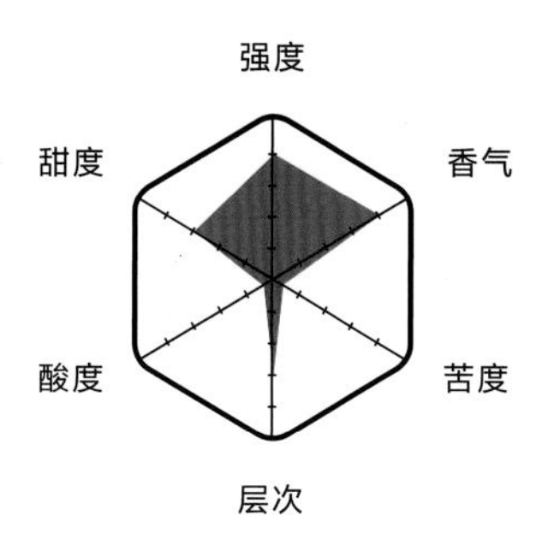

材料 5份 自制茉莉花伏特加
5份 自制乌龙茶伏特加

做法 在成品杯中依次注入自制茉莉花伏特加→自制乌龙茶伏特加即可。

喝法 一饮而尽。

备注 茉莉花伏特加：将700毫升伏特加倒入50克香片茶叶中，浸泡20分钟后，滤出茶叶，再加入50克细白砂糖，搅拌至细白砂糖溶化即可。
乌龙茶伏特加：做法同茉莉花伏特加，只是将茶叶换成乌龙茶即可。

Ingredients

5 parts Homemade Jasmine Vodka
5 parts Homemade Oolong Vodka

Method of drinking

Bottoms up.

Citrus Vodka

Cranberry Juice

Fresh Pomegranate Pulps

凯莉我还要

ONCE AGAIN KELLY

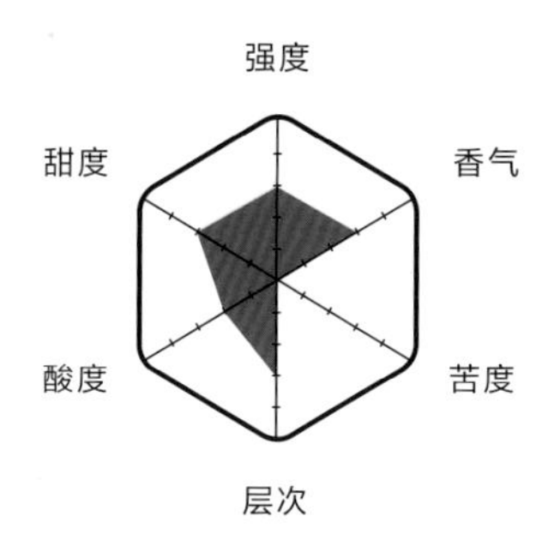

材料 4份 蔓越莓果汁
5份 柑橘伏特加
1份 新鲜红石榴果肉

装饰 10粒新鲜红石榴果肉

做法 在成品杯中先放入10粒新鲜红石榴果肉，再依次注入蔓越莓果汁→柑橘伏特加即可。

喝法 将酒和杯底的红石榴倒进嘴里，咬碎红石榴后一同咽下。

Ingredients

4 parts Cranberry Juice

5 parts Citrus Vodka

1 part Fresh Pomegranate Pulps

Garnishes

10 Pomegranate Pulps

Method of drinking

Take the shot while chewing the pulps.

女孩的鞋柜里永远缺少一双Jimmy Choo；男士的手腕上永远渴望一支Panerai……欲望，永远是城市中最难被满足的小野兽。凯莉，你说是吗?

白兰地

Brandy

♣♣♣

餐桌上，我们习惯来杯干邑白兰地纯饮，
作为美好的餐后酒；在酒吧，我们乐于用干邑，
调出个性高雅、细致的鸡尾酒。

“Brandy”这个词起缘于荷兰语的“Brandewijn”，与英语中的“Burnt Wine”同义，是指蒸馏时把酒加热的过程，也是烧酒的意思。广义来说，所有用水果酿造的酒都可称为“Wine”；而所有用Wine蒸馏而成的酒，都可称为“Brandy”。

全世界有很多国家生产不同风格的白兰地，其中以法国西南部的干邑(Cognac)最出色，因此有句话是这么说的：“All cognac is brandy, but not all brandy is cognac.”(所有干邑都是白兰地，但并非所有白兰地都是干邑)干邑是许多地方喝白兰地的主流，但用于调酒时要小心，如果把白兰地调得比原来难喝，那可就浪费了好酒，也悖离了调酒的本意!

除了干邑之外，白兰地还有什么不一样的变化吗？有的，白兰地可分成非常多的类别，如以葡萄为原料的白兰地、marc、eau de vie，意大利的Grappa以及南美秘鲁和智利的Pisco。

用葡萄以外的水果制成的白兰地，一般称为水果白兰地，苹果、梨、杏、黑莓和樱桃等原料都非常常见；Calvados就是以苹果为原料制成的白兰地，产地位于法国诺曼底地区。意大利白兰地有两类：一类是用葡萄酒为原料蒸馏而成；另一类则是以葡萄残渣再发酵制成，又称为渣酿葡萄酒。Grappa就属后者，它不但酒精浓度高，还带有股强烈的气味。来到南半球，中南美洲各国产酒以朗姆酒和白兰地最具优势，其中秘鲁和智利的Pisco白兰地不仅在本国备受尊崇，而且享誉全球。

不同产区和不同原料制成的白兰地个性迥异，但用于调酒时，都不失高雅、细致的基本性格。

奶酪

CHEESE SHOT

Grappa是意大利的国酒，用酿葡萄酒的果渣蒸馏而成，酒精气味强烈，通常作为餐后酒。这杯Shot用4种不同奶酪搭配饮用，就像餐后小点，口感强烈又有满足感。

♠♠

材料　10份　渣酿白兰地

装饰　Ritz饼干
蓝纹奶酪
烟熏奶酪
布利白徽奶酪
高达奶酪
葡萄干
核桃仁

做法　在成品杯中注入渣酿白兰地，搭配摆放4种奶酪、葡萄干、核桃仁和Ritz饼干即可。

※综合奶酪也可只用烟熏奶酪替代。

喝法　先吃装饰小点，觉得口干时再干杯。

Ingredients

10 parts Grappa

Garnishes

Ritz Cracker
Blue Cheese
Smoked Cheese
Brie
Gouda Cheese
Raisins
Walnut

Method of drinking

Eat the garnishes then shoot the shot.

Grappa

Calvados
Caramel Liqueur

焦糖苹果

CARAMEL APPLE

这杯Shot就像甜点一样，现烤的焦糖苹果上，可以再撒少许海盐，味道甜而不腻。

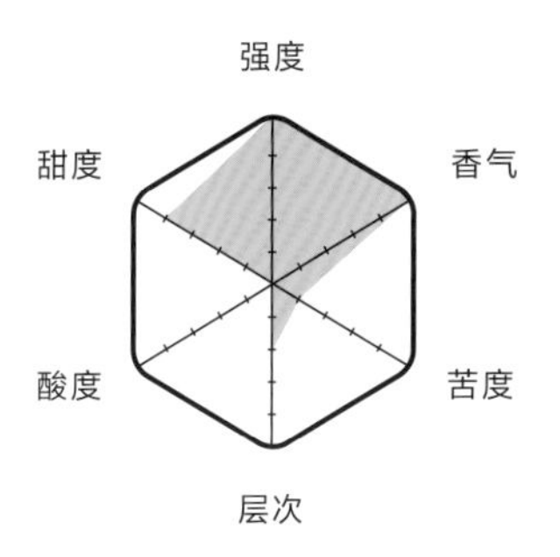

材料　4份　焦糖香甜酒
6份　苹果白兰地

装饰　焦糖苹果片

做法　在成品杯中依次注入焦糖香甜酒→苹果白兰地，搭配焦糖苹果片即可。

喝法　先喝酒再吃苹果。

备注　焦糖苹果片：将少许白砂糖撒在苹果片上，以喷枪烤至稍微上色即可。

Ingredients
4 parts Caramel Liqueur
6 parts Calvados

Garnishes
Caramelized Apple Slice

Method of drinking
Shoot the shot then eat the apple.

Brandy

NIKOLASCHKA

尼可拉斯加

伴随着砂糖燃烧带来的焦糖香气，一口吞下白兰地，柠檬的香气会在口中随后蔓延开来。

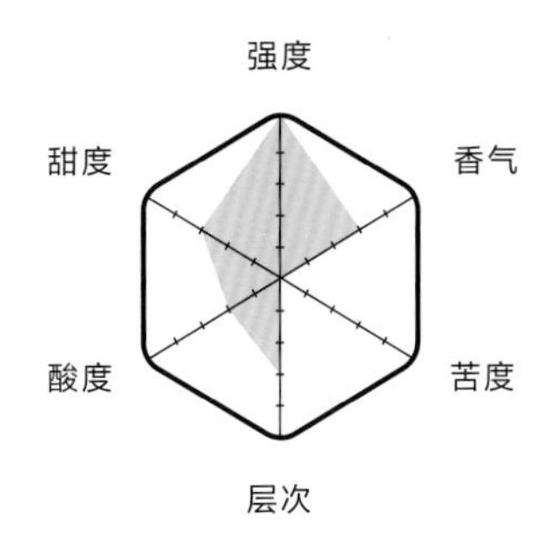

材料 10份 白兰地

装饰 柠檬片
细白砂糖

做法 在成品杯中注入白兰地，将细白砂糖堆在柠檬片上，然后放在装满白兰地的杯口上。

喝法 将细白砂糖放在柠檬片上，淋上少许白兰地后点火。
饮用时将柠檬片微微捏起，咬一口果肉（连同细白砂糖），略咀嚼后喝下白兰地。

Ingredients
10 parts Brandy

Garnishes
Lemon Slice
Sugar

Method of drinking
Chew the lemon slice wrapped with sugar then shoot the brandy.

Chocolate Bitter

Brandy

Chartreuse Liqueur

修道院

CHURCH

这杯调酒的初始创意是想调出一杯口感浓烈、强劲的Shot。Chartreuse是一种源自法国东南部格勒诺布尔，由La Grande Chartreuse修道院酿造的酒。调酒时，加入了巧克力苦精和红色的酒渍樱桃，为这杯酒带来几分神秘感。

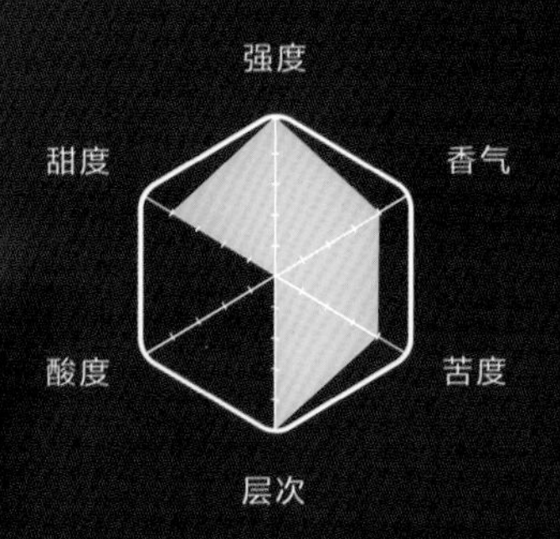

♠♠♠

材料 3份 55%夏翠丝
7份 白兰地
1滴 巧克力苦精

装饰 巧克力酱
酒渍樱桃2颗

做法 在成品杯口沾巧克力酱，然后依次注入55%夏翠斯→白兰地，再滴入巧克力苦精，搭配酒渍樱桃即可。

喝法 先喝酒再吃樱桃。

Ingredients

3 parts 55% Chartreuse Liqueur
7 parts Brandy
1 drop of Chocolate Bitter

Garnishes

Chocolate Syrup
2 Maraschino Cherries

Method of drinking

Dip glass rim with chocolate syrup.
Shoot the shot then eat the cherries.

起飞

TAKE OFF

在电视节目中，看到欧洲人会将奶酪与无花果果酱搭配食用。起初纯粹是自己贪吃，后来因为迷上了果酱制作，所以调制了这款Shot。先喝口苹果白兰地，再吃奶酪蘸果酱。奶香咸味和甜味融为一体，谁说奶酪只能配葡萄酒呢？

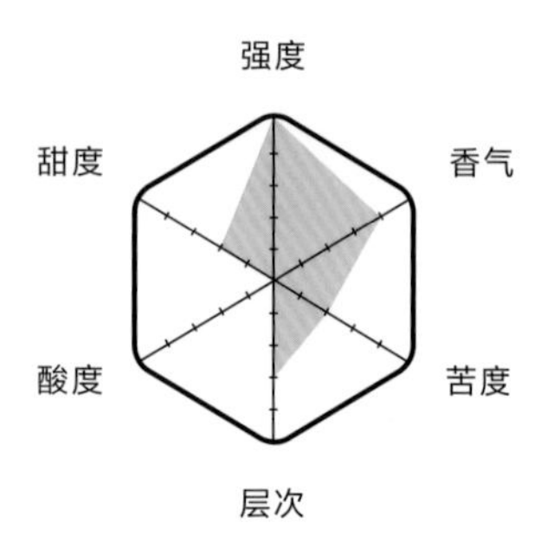

材料 10份 苹果白兰地
阿佩罗

装饰 高达奶酪
无花果果酱

做法 在成品杯中注入苹果白兰地，以喷雾瓶喷洒少许阿佩罗，搭配蘸了无花果果酱的高达奶酪条即可。

喝法 先吃一口奶酪，再饮酒，然后吃完奶酪。

Ingredients
10 parts Calvados
Aperol

Garnishes
Gouda Cheese
Fig Confiture

Method of drinking
Take one bite of the cheese, down the shot then finish the cheese.

BRANDY
Aperol
Calvados

Peychaud's Bitters

Pisco

Lemon Juice

Elderflower Syrup

SUNDAY

星期日

用葡萄果渣蒸馏酿造的皮斯科酒，浸泡蝶豆花后呈靛蓝色，遇到酸性材料就会变成浪漫的紫色，再搭配接骨木糖浆，并以白葡萄装饰，完成一款梦幻少女心的Shot。

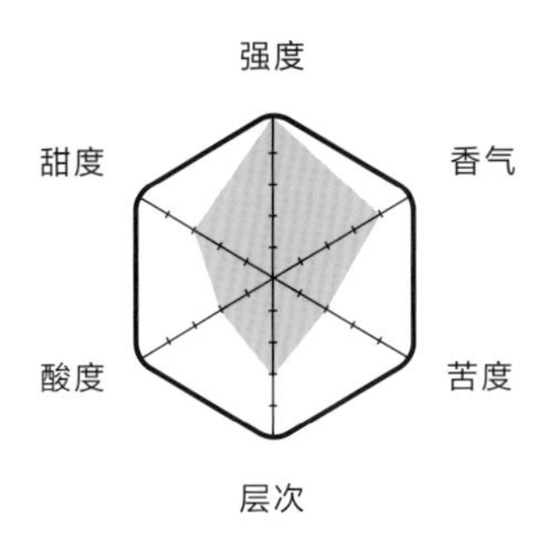

材料 3份 接骨木糖浆
2份 新鲜柠檬汁
5份 皮斯科酒
2滴 裴乔氏芳香苦精

喝法 先喝酒再吃白葡萄。

装饰 白葡萄

做法 在成品杯中依次注入接骨木糖浆→新鲜柠檬汁→皮斯科酒→滴入2滴裴乔氏芳香苦精，搭配白葡萄即可。

备注 以700毫升的皮斯科酒浸泡2克蝶豆花，不断搅拌，约15分钟即可出现完美的靛蓝色；也可每10分钟搅拌一次，约50分钟可以泡出靛蓝色。

Ingredients
3 parts Elderflower Syrup
2 parts Lemon Juice
5 parts Pisco
2 drops of Peychaud's Bitters

Method of drinking
Shoot the shot then eat the grape.

Garnishes
White Grape

洋梨沙拉

PEAR SALAD

西洋梨和蓝纹奶酪是制作意大利面和沙拉的常见材料，灵感由此而来，调制出一杯像沙拉的Shot。撒上焦糖炙烤的西洋梨甜味更明显；蓝纹奶酪经过炙烤，只留下浓浓的香气。整体搭配让人想一口接一口干杯。

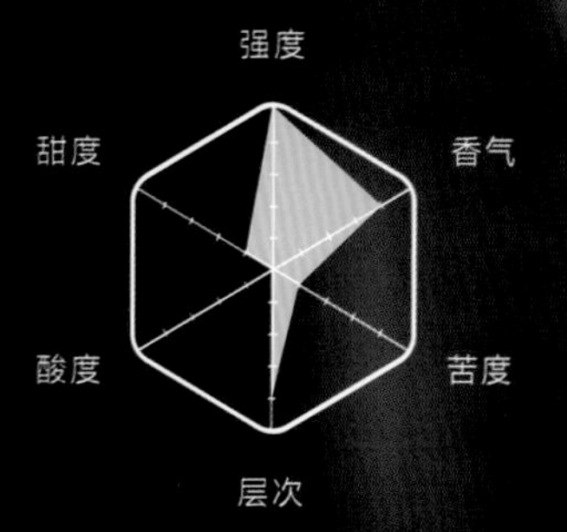

♠♠♠♠♠

材料 10份 苹果白兰地

装饰 西洋梨片
蓝纹奶酪
白砂糖
坚果碎

做法 在成品杯中注入苹果白兰地；西洋梨片抹上薄薄的蓝纹奶酪，再撒上白砂糖，烤至焦糖化，最后撒点坚果碎，用喷枪火焰稍微扫过坚果碎的表面。

喝法 先吃一半西洋梨片，再饮酒，然后吃完剩下的西洋梨片。

Ingredients
10 parts Calvados

Garnishes
Sliced Pear
Blue Cheese
Sugar
Chopped Nuts

Method of drinking
Take a bite pear, shoot the shot then finish the pear.

BRANDY
Calvados

Brandy
Bénédictine

BRANDY

宝马与奔驰

B&B

以法国最古老的修道院秘制的草药酒搭配白兰地，应该会有神奇的药效吧！

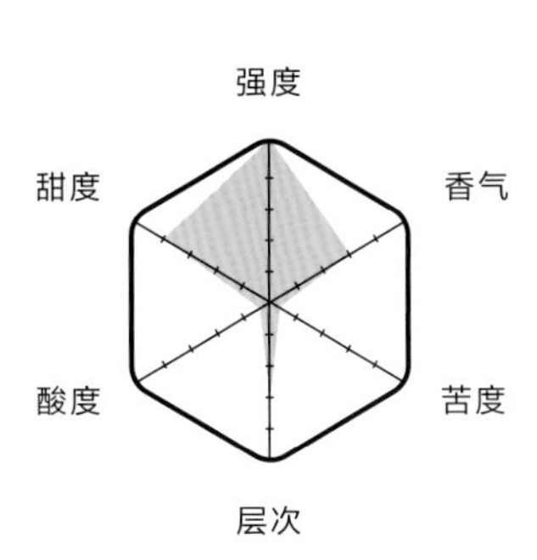

材料 5份 班尼狄克汀香甜酒
5份 白兰地

做法 在成品杯中依次注入班尼狄克汀香甜酒→白兰地即可。

喝法 直接纯饮。

Ingredients
5 parts Bénédictine
5 parts Brandy

Method of drinking
Cheers.

POISONED APPLE

毒苹果

这款调酒的风味，前段可以感受到浓烈的苹果香气与橡木气息的交融；中段是接骨木花香甜酒（被喻为“调酒师的盐”），柔和了白兰地的辛辣感；尾韵则带有葡萄柚的苦甜滋味。少女般甜美的酒谱下，隐藏着高浓度的酒精，不小心多喝了几杯，可能会像白雪公主一样迷失在森林里，咬一口巫婆那颗鲜艳诱人的毒苹果……

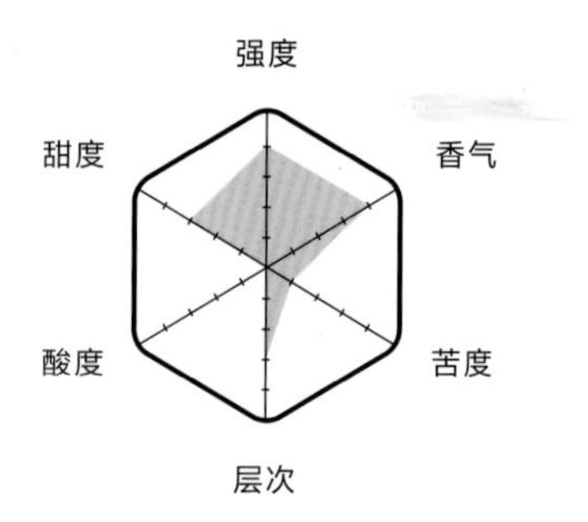

材料 3份 接骨木花香甜酒
7份 苹果白兰地
3滴 葡萄柚苦精

装饰 苹果角

做法 在成品杯中依次注入接骨木花香甜酒→苹果白兰地→葡萄柚苦精，搭配苹果角即可。

喝法 喝完酒再吃苹果。

Ingredients
3 parts Elderflower Liqueur
7 parts Calvados
3 drops of Grapefruit Bitters

Garnishes
Apple Wedge

Method of drinking
Shoot the shot then eat the apple.

Grapefruit Bitters
Calvados
Elderflower Liqueur
arth Views of a changing world

Calvados
Cognac
Brandy
Lemon Juice

断肠时

D-DAY

诺曼底战役是目前为止世界上最大的一次海上登陆作战，近300万士兵渡过英吉利海峡前往法国。多少年轻的生命长眠于诺曼底的沙滩上，还来不及喝到Calvados！

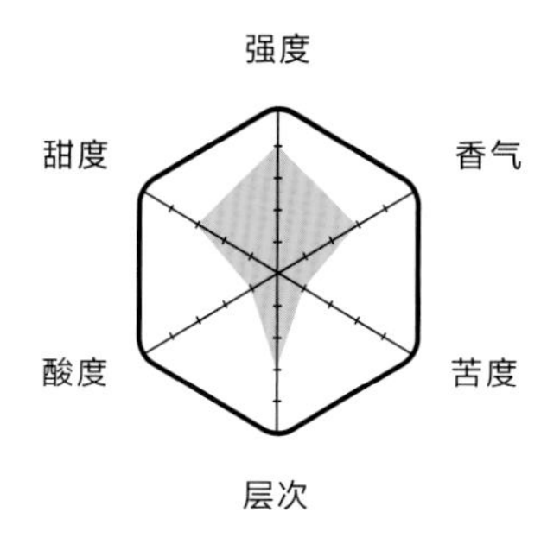

材料　5份　苹果白兰地
4份　干邑白兰地
1份　新鲜柠檬汁

做法　在成品杯中依次注入苹果白兰地→干邑白兰地→新鲜柠檬汁即可。

喝法　一饮而尽。

备注　将苹果白兰地和干邑白兰地分两层注入杯中，在两种酒之间挤入新鲜柠檬汁，柠檬汁会夹在两层酒液之间。

Ingredients

5 parts Calvados
4 parts Cognac Brandy
1 part Lemon Juice

Method of drinking

Bottoms up.

YELLOW MARTIN

福满满

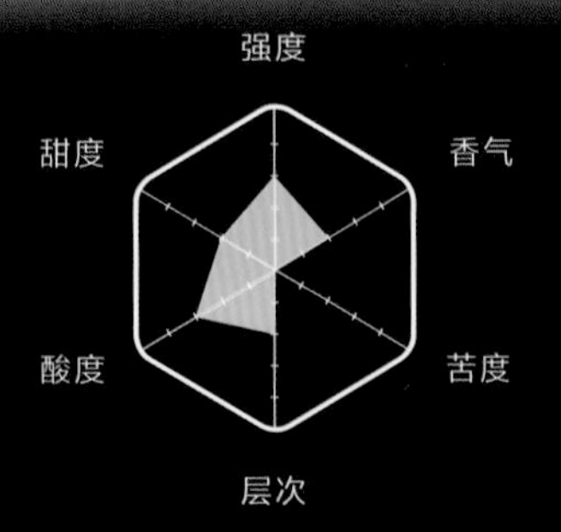

材料	5份　新鲜橙汁 5份　干邑白兰地
装饰	橙子角
做法	在成品杯中依次注入新鲜橙汁→干邑白兰地，搭配橙子角即可。
喝法	喝完酒再吃橙子角。

Ingredients
5 parts Orange Juice
5 parts Cognac Brandy

Garnishes
Orange Wedge

Method of drinking
Shoot the shot then eat the orange.

人头马一开，好事自然来！一口干邑一口橙，再多杯也不会醉。

BRANDY

Cognac Brandy

Orange Juice

朗姆酒

Rum

试过吗？天冷时在家冲壶热红茶，加点蜂蜜和一盎司朗姆酒，喝一口，马上从口暖入心。这样温暖的家常味，可是从优雅的英国人那儿学来的。体会过才知道，原来冷热皆宜是朗姆酒的最佳注解！

朗姆酒保持且延续着热带国家的传统与活力，种类繁多，无论是搭配各种水果的调酒，还是浓郁香纯的陈年朗姆酒，都备受大家喜爱。

15世纪时，哥伦布将甘蔗带入加勒比海的小岛，当地的气候非常适合种植这种植物。到了16世纪，英国殖民者发现甘蔗可以用来酿酒，最早在巴贝多等小岛开始制作。朗姆酒是用蔗糖的副产品糖蜜（Molasses）或新鲜甘蔗汁，经发酵和蒸馏制成。使用糖蜜制成的朗姆酒带有一点焦糖和水果的香气，使用甘蔗汁制成的朗姆酒带有一点青草和新鲜甘蔗的香气，产地以法属岛屿为主，又称Rum Agricole（农业型的朗姆酒）。

朗姆酒依色泽风味可分为白朗姆酒（淡朗姆酒）、金朗姆酒（琥珀色朗姆酒）和黑朗姆酒（深色朗姆酒）。

白（淡）朗姆酒：大部分陈年时间较短，有时还会将陈年后的桶色滤掉，使其更方便用于调酒，口感清爽，香气柔和，没有过分复杂的味道。

黑（深）朗姆酒：跟陈年并无关系，而是使用焦糖着色，但有些因发酵时间较长或蒸馏方式不同，口感比较浓郁复杂。

金（棕色）朗姆酒：大部分是用白朗姆酒与黑朗姆酒调成的，有些会放入木桶陈年，口感介于白、黑朗姆酒之间。

陈年朗姆酒有许多标示方式，有的标示年份，有的像白兰地一样设置分级制度，也有以老酒兑新酒的方式调合，依照各国的风俗习惯而定。

Cherry Bitters

Dark Rum

Aperol

Apricot Liqueur

幸逃

APRICOT

我只想要简单的幸福快乐，却不想承受人们口中所谓的甜蜜的负担。你我之间，会有幸福吗？

P.S. I Love You.

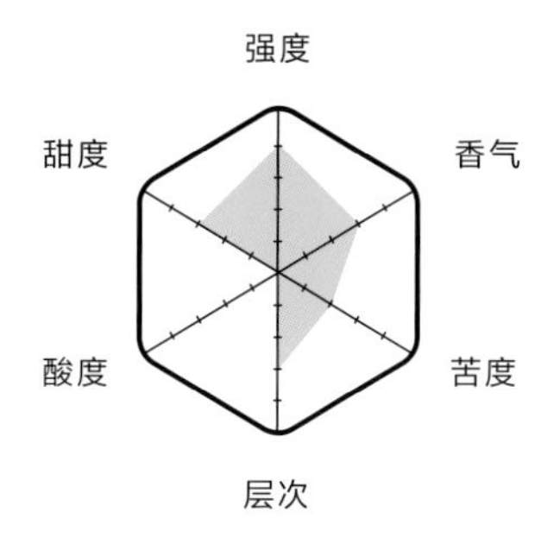

材料 4份 杏香甜酒
1份 阿佩罗香甜酒
5份 深色朗姆酒
2滴 樱桃苦精

装饰 杏果干

做法 在成品杯中依次注入杏香甜酒→阿佩罗香甜酒→深色朗姆酒→樱桃苦精，搭配杏果干即可。

喝法 直接纯饮。

Ingredients

4 parts Apricot Liqueur
1 part Aperol
5 parts Dark Rum
2 drops of Cherry Bitters

Garnishes

Apricot

Method of drinking

Cheers.

甘蔗

TI PUNCH

法属马提尼克岛的朗姆酒采用新鲜甘蔗汁制成，酒精浓度高，当地人称之为“Ti Punch”。纯朗姆酒加上蔗糖蜜，挤上青柠檬汁，不加冰块纯饮，这是Ti Punch的Shot版。

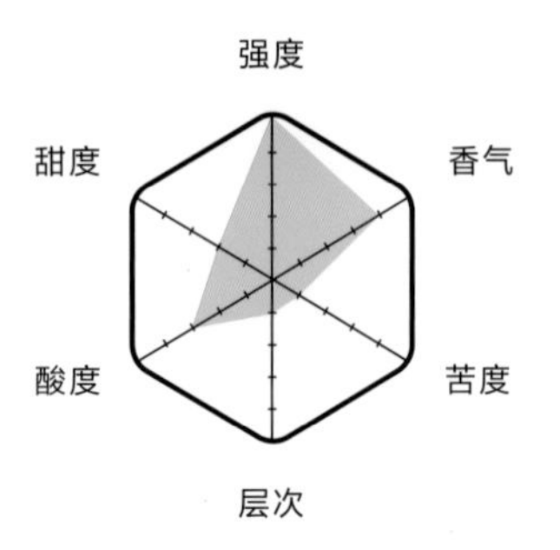

材料	10份　淡朗姆酒
装饰	青柠檬角 甘蔗
做法	在成品杯中注入淡朗姆酒，搭配柠檬角与甘蔗即可。
喝法	将青柠檬挤汁，滴在甘蔗上，干杯后吃甘蔗。
备注	甘蔗也可用黄砂糖代替。

Ingredients

10 parts Light Rum

Garnishes

Lime Wedge

Fresh Sugar Cane Stick

Method of drinking

Squeeze the lime on the sugar cane.

Shoot the shot then chew the sugar cane.

RUM

RUM

Dark Rum

冰激凌

ICE CREAM

♠

这款冰激凌Shot以黑朗姆酒的焦糖香气为主轴，搭配黑巧克力冰激凌，让人想拿整桶冰激凌来配酒。

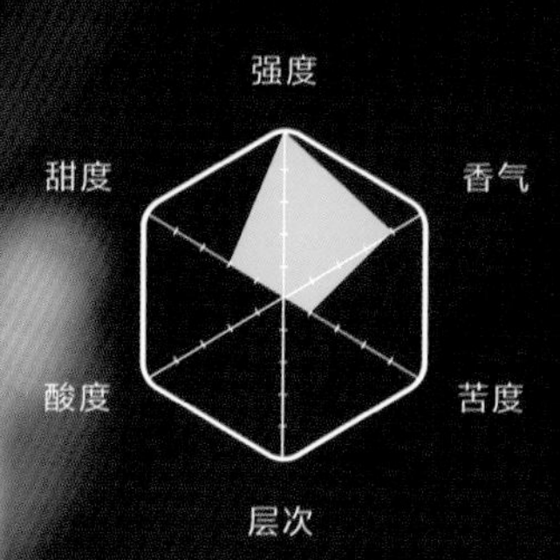

材料	10份　黑朗姆酒
装饰	1茶匙　黑巧克力冰激凌
做法	在成品杯中注入黑朗姆酒，搭配黑巧克力冰激凌即可。
喝法	先喝酒再吃冰激凌。

Ingredients
10 parts Dark Rum

Garnishes
1 tsp. Dark Chocolate Ice Cream

Method of drinking
Shoot the shot then eat the ice cream.

Homemade Sesame Rum

White Chocolate Liqueur

芝麻开门

OPEN SESAME

有一天逛街买了各种口味的盐，心想“撒在香草冰激凌上一定很好吃吧”？突然灵光一闪，想自制一款芝麻朗姆酒，于是设计了这杯芝麻开门。

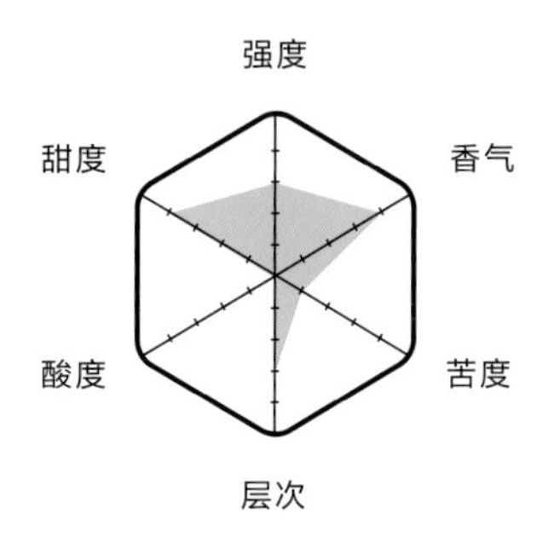

材料 3份 白可可利口酒
7份 自制芝麻朗姆酒

装饰 香草冰激凌
芝麻盐

做法 在成品杯中依次注入白可可利口酒→自制芝麻朗姆酒，搭配撒了芝麻盐的香草冰激凌即可。

喝法 先喝酒再吃冰激凌。

备注 芝麻朗姆酒：将10克黑芝麻用干锅炒香后研磨成末，加入100毫升淡朗姆酒，浸泡10分后过滤即可。

Ingredients
3 parts White Chocolate Liqueur
7 parts Homemade Sesame Rum

Garnishes
Vanilla Ice Cream
Sesame Salt

Method of drinking
Shoot the shot then eat the ice cream.

RUM

Spiced Rum

Frangelico

Vanilla Vodka

Mozart Black

cook's bible

CHOCOLATE HONEY

♠♠♠

灵感来自于巧克力甜点。以市售巧克力棉花糖饼干搭配香料朗姆酒、香草伏特加、黑巧克力香甜酒和榛果酒，看似香甜可口，满足喜欢吃甜点的嘴，但也有不容小觑的后劲。

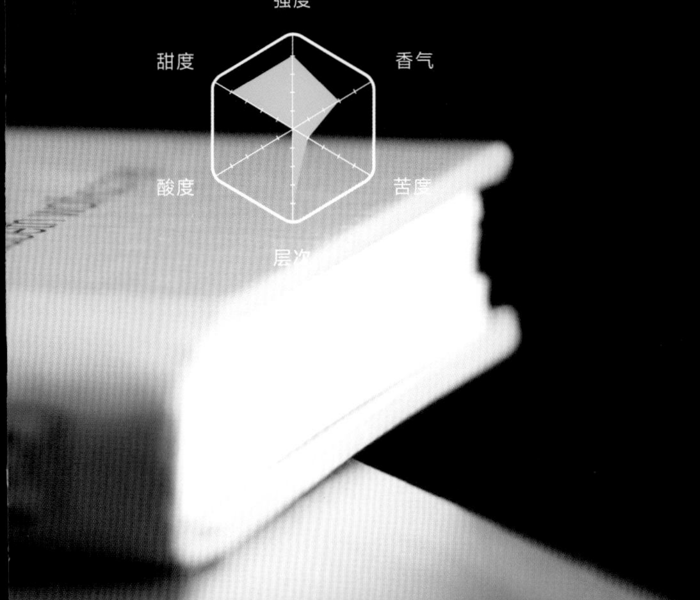

1份　榛果酒

装饰　巧克力棉花糖饼干

做法　将香草伏特加、黑巧克力香甜酒和榛果酒混合后注入成品杯中，再注入香料朗姆酒，搭配巧克力棉花糖饼干即可。

喝法　先吃饼干再喝酒。

Ingredients

4 parts Spiced Rum
3 parts Vanilla Vodka
2 parts Mozart Black
1 part Frangelico

Garnishes

Chocolate Marshmallow Cookies

Method of drinking

Eat the cookies then take the shot.

只溶你口

MELTS IN YOUR MOUTH ONLY

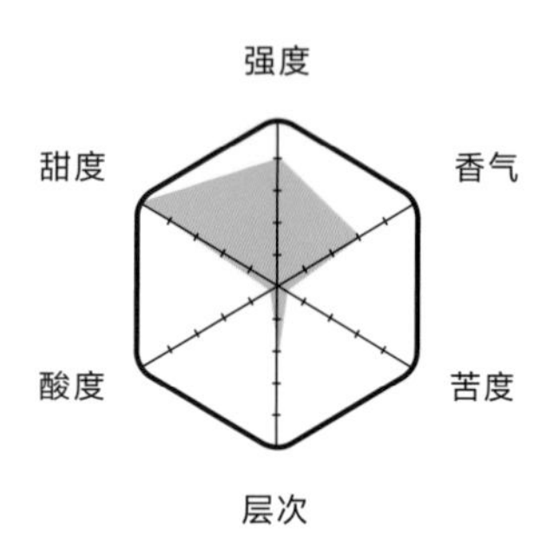

材料 3份 白巧克力香甜酒
2份 榛果利口酒
5份 杰瑞水手朗姆酒

装饰 M&M's 花生巧克力豆

做法 在成品杯中依次注入白巧克力香甜酒→榛果利口酒→杰瑞水手朗姆酒，搭配M&M's花生巧克力豆即可。

喝法 干杯后吃M&M's 花生巧克力豆。

Ingredients

3 parts White Cacao Liqueur
2 parts Frangelico
5 parts Sailor Jerry Rum

Garnishes

M&M's Peanut Chocolate

Method of drinking

Shoot the shot then eat the chocolate.

Oh，Rumballion，你是我的巧克力！传说，有个名叫杰瑞的水手，偷偷把6个风情万种的美女藏在朗姆酒的酒瓶里。当你喝干整瓶酒，她们就会悄悄地出现……

※“Rumballion”是朗姆酒发源地巴巴多斯的原住民语，意为“兴奋”。

Sailor Jerry Rum

Frangelico

White Cacao Liqueur

超级巨星

AA STAR

这是一款以上等肯尼亚咖啡豆制成的朗姆酒。当地人以歌声，淬炼出暗夜里黑得发亮的星空，闪烁着光明与希望。

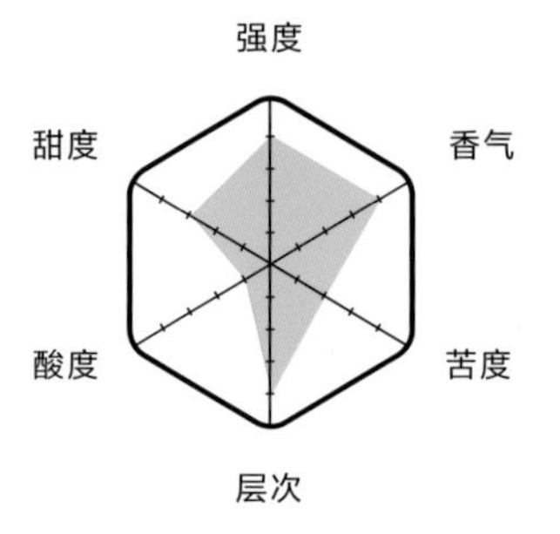

材料	8份 自制肯尼亚AA咖啡朗姆酒 2份 打发鲜奶油
装饰	可可粉
做法	在成品杯中依次注入自制肯尼亚AA咖啡朗姆酒→打发鲜奶油，再撒上可可粉即可。
喝法	一饮而尽。
备注	肯尼亚AA咖啡朗姆酒：将150克肯尼亚AA咖啡豆用磨豆机磨成细粉（约Espresso冲煮法使用的粗细度）。用750毫升朗姆酒浸泡磨好的咖啡粉，两天后滤出咖啡粉，装瓶冷藏保存即可。

Ingredients

8 parts Homemade Kenya AA Coffee Rum

2 parts Whipped Cream

Garnishes

Cocoa Powder

Method of drinking

Bottoms up.

RUM

Whipped Cream

Homemade
Kenya
AA Coffee Rum

Angostutra
Bitters
Bargal
Anejo Rum
Benedictine

RUM

哔哔哔

B&B&B

♠♠

B&B是一杯只含白兰地（Brandy）与班尼狄克汀香甜酒（Benedictine）的经典调酒，材料简单，味道却很复杂，层次丰富，但又具有巧妙的平衡！我想创作一杯B&B&B，让1+1+1>3，我想我也是醉了……

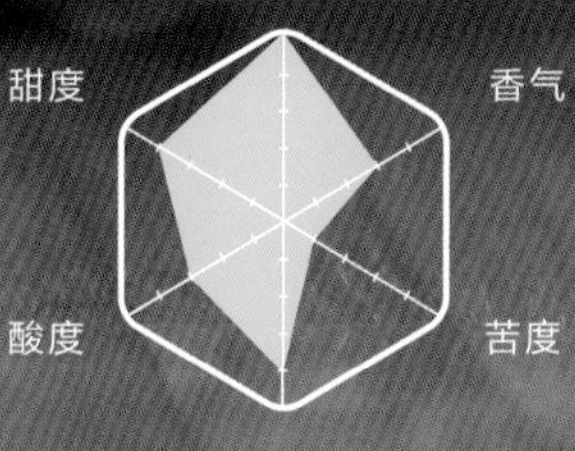

材料	5份 班尼狄克汀香甜酒 5份 深色陈年朗姆酒 1滴 苦精
装饰	葡萄柚角
做法	在成品杯中依次注入班尼狄克汀香甜酒→深色陈年朗姆酒，搭配葡萄柚角，并将苦精滴在葡萄柚上即可。
喝法	干杯后吃葡萄柚。

Ingredients

5 parts Benedictine

5 parts Bargal Anejo Rum

1 drop of Angostutra Bitters

Garnishes

Grapefruit Wedge

Method of drinking

Shoot the shot then eat the grapefruit.

杰克船长

CAPTAIN JACK

17—18世纪，朗姆酒不仅是海盗最喜爱的饮品，也是英国海军的配给品。如果命运可以自己选择的话，纳尔逊将军说不定也想当个自由自在的杰克船长呢！

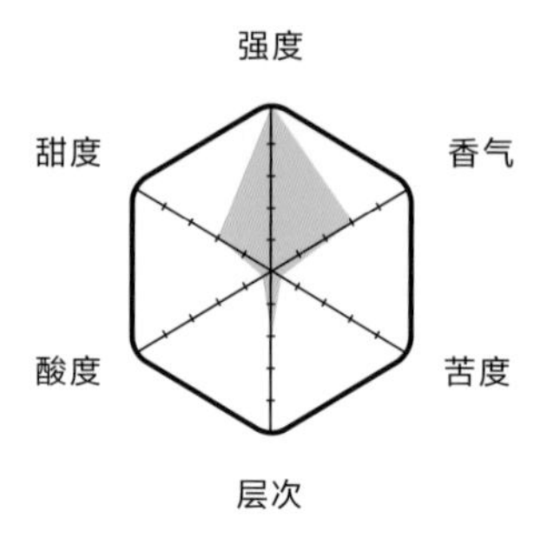

材料	10份　朗姆酒
装饰	甘蔗条
做法	在成品杯中注入朗姆酒，搭配甘蔗条即可。
喝法	咬一口甘蔗，嚼出汁后干杯（甘蔗渣请勿吞食）。
备注	1805年，纳尔逊将军在特拉法尔加海战中阵亡。为了防腐，船员将他的遗体用朗姆酒浸泡运回英国。官兵们在港口饮下此朗姆酒，以增加勇气。因此朗姆酒也被称为“纳尔逊之血”。

Ingredients
10 parts Rum

Garnishes
Sugar Cane Stick

Method of drinking
Chew the sugar cane then shoot the shot.

Rum

阿罗哈

ALOHA

♠♠

随时随地可以吃到香甜的菠萝，也是一种幸福！菠萝、椰子和朗姆酒加在一起，真是天作之合，Aloha!

※“Aloha”是夏威夷的问候语，“你好”“再见”之意。

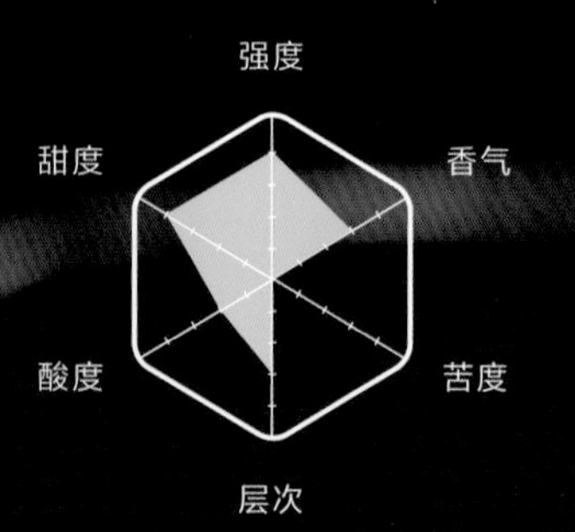

材料	2份　椰子香甜酒 8份　黑朗姆酒
装饰	菠萝片
做法	在成品杯中依次注入椰子香甜酒→黑朗姆酒，搭配菠萝片即可。
喝法	先吃菠萝再喝酒。

Ingredients

2 parts Malibu

8 parts Dark Rum

Garnishes

Pineapple Slice

Method of drinking

Eat the garnish then shoot the shot.

Bourbon Whiskey

Kahlúa

Cacao Blanc Liqueur

Trio

Original · Café · bitters

手提箱

SUITCASE

这是一杯波本威士忌纯饮。先让唇齿间充满百香果的香甜，再喝下香醇的杰克丹尼尔威士忌，完全不觉得辛辣，反而有一种暖在心里的感觉。

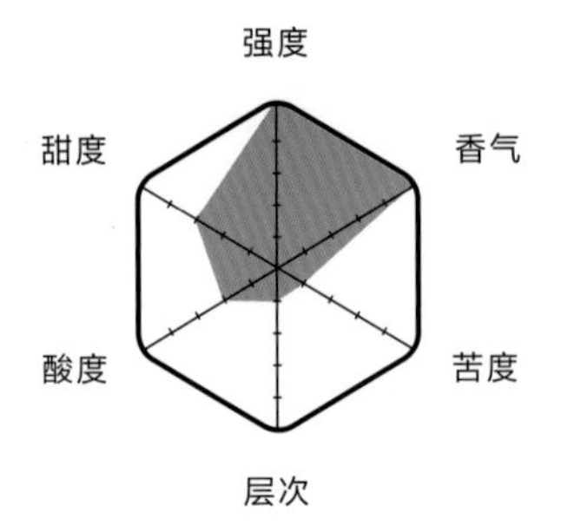

材料 10份 杰克丹尼尔威士忌

装饰 1茶匙 自制百香果糖浆

做法 在成品杯中注入杰克丹尼尔威士忌，搭配百香果糖浆即可。
※百香果建议先冰镇，以免口感太甜。

喝法 先将糖浆含在口中，再与威士忌一起喝下。

备注 百香果糖浆：将新鲜百香果果汁与糖浆按1：1的比例调匀即可。（糖浆：细白砂糖与热开水以2：1的比例调匀）

Ingredients
10 parts Jack Daniel's

Garnishes
1 tsp. Passion Fruit Syrup

Method of drinking
Drink the syrup then shoot the shot.

WHISKEY

Jack Daniel's

Passion Fruit Syrup

Cherry Bourbon Whiskey

Cointreau

美国人

THE AMERICAN

波本威士忌是美国人最爱的味道，添加了橙酒与樱桃的香气，喝起来味道就像水果糖一样。

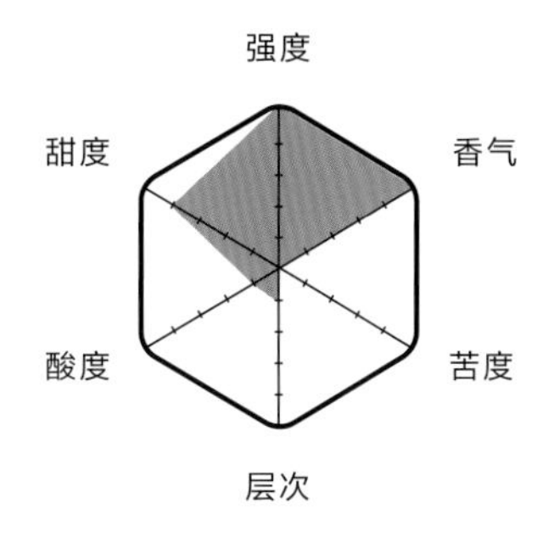

材料	5份　君度橙酒 5份　樱桃波本威士忌
装饰	橙子角
做法	在成品杯中依次注入君度橙酒→樱桃波本威士忌，搭配橙子角即可。 ※橙子事先冰镇，口感更佳。
喝法	先喝酒再吃橙子。

Ingredients

5 parts Cointreau

5 parts Cherry Bourbon Whiskey

Garnishes

Orange Wedge

Method of drinking

Shoot the shot then eat the garnish.

Orgeat
Lemon Juice
Scotch Whiskey

醉芒茫

DRUNKEN MANGO

选用夏季盛产的芒果，搭配苏格兰威士忌，加上淡淡的杏仁香味和柠檬，调出这款酸甜平衡、带有淡淡酒香的轻松Shot。

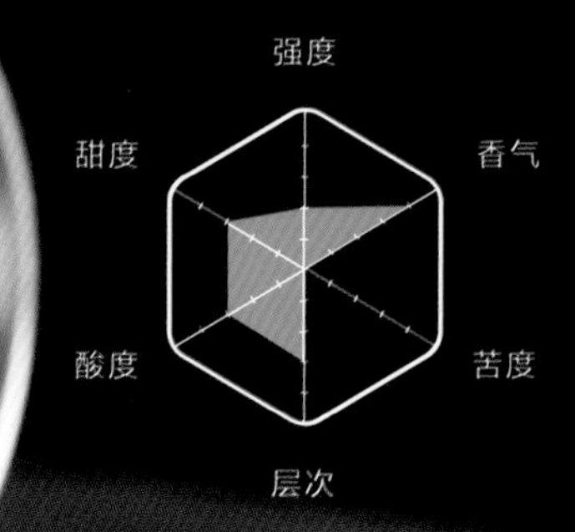

材料 5份 苏格兰威士忌
2份 柠檬汁
3份 杏仁糖浆

喝法 先喝酒再吃芒果。

装饰 芒果角

做法 将所有材料连同冰块倒入三件式调酒器中，充分摇晃后滤冰倒出，搭配芒果角即可。

备注 也可用芒果干替代新鲜芒果。

Ingredients
5 parts Scotch Whiskey
2 parts Lemon Juice
3 parts Orgeat

Method of drinking
Shoot the shot then eat the mango.

Garnishes
Mango Wedge

Whiskey

Lemon Juice

Elderflower
Syrup

秘爱

MISTRESS

这杯Shot是经典调酒Silent Third（沉默的第三者）的缩小版。取名“秘爱”，带点讽刺的恶趣味。把柑橘酒改成带有浓浓花香的接骨木糖浆，搭配带有柑橘香、花香和烟熏味的苏格兰威士忌。

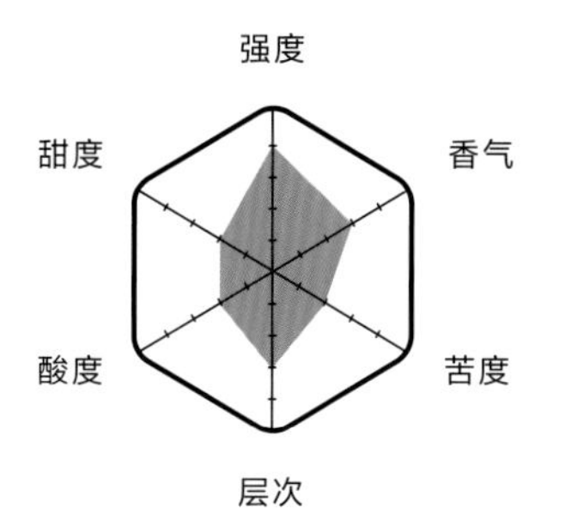

材料 3份 接骨木糖浆
2份 新鲜柠檬汁
5份 苏格兰威士忌

装饰 橙子角

做法 在成品杯中依次注入接骨木糖浆→新鲜柠檬汁→苏格兰威士忌，搭配橙子角即可。
※苏格兰威士忌必须事先冰镇。

喝法 先喝酒再吃橙子。

Ingredients
3 parts Elderflower Syrup
2 parts Lemon Juice
5 parts Scotch Whiskey

Garnishes
Orange Wedge

Method of drinking
Shoot the shot then eat the orange.

WHISKEY

摇滚可可

ROCK COCOA

材料　5份　苏格兰威士忌
5份　榛果香甜酒
2滴　巧克力苦精

做法　将苏格兰威士忌和榛果香甜酒倒入雪克杯中，加入冰块，摇荡均匀后倒入成品杯中，再滴入2滴巧克力苦精即可。
※巧克力苦精也可用原味苦精替代。

喝法　一饮而尽。

Ingredients
5 parts Blended Scotch Whiskey
5 parts Frangelico
2 drops of Chocolate Bitter

Method of drinking
Bottoms up.

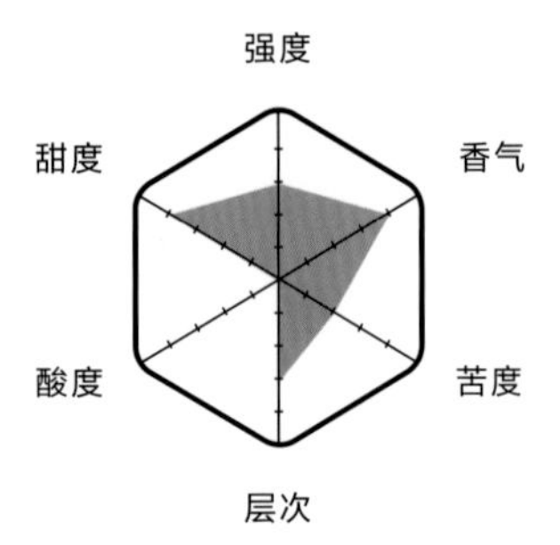

带有烟熏味和坚果味的苏格兰威士忌，与榛果酒结合，坚果香气浓郁，却不会过于甜腻；再滴入几滴巧克力苦精，丰富整杯Shot的层次。

Chocolate Bitter

Blended Scotch Whiskey

Frangelico

左轮手枪

REVOLVER

♠♠

在左轮手枪里只装填一颗子弹，像玩俄罗斯轮盘一样，瞄准目标，用力扣动扳机，不知在这声巨响中能否让一切归零？不开玩笑了，还是干杯吧！朋友！

P.S.我们热爱的何止是饮酒，还有生命！

材料 3份　樱桃白兰地
1滴　苦精
7份　波本威士忌

喝法 将酒渍黑樱桃嚼七八次后干杯。

装饰 酒渍黑樱桃

做法 在成品杯中依次注入樱桃白兰地→苦精→波本威士忌，搭配酒渍黑樱桃即可。

Ingredients
3 parts Cherry Brandy
1 drop of Angostutra Bitters
7 parts Bourbon Whiskey

Method of drinking
Chew the cherry 7 or 8 times then shoot the shot.

Garnishes
Maraschino Cherry

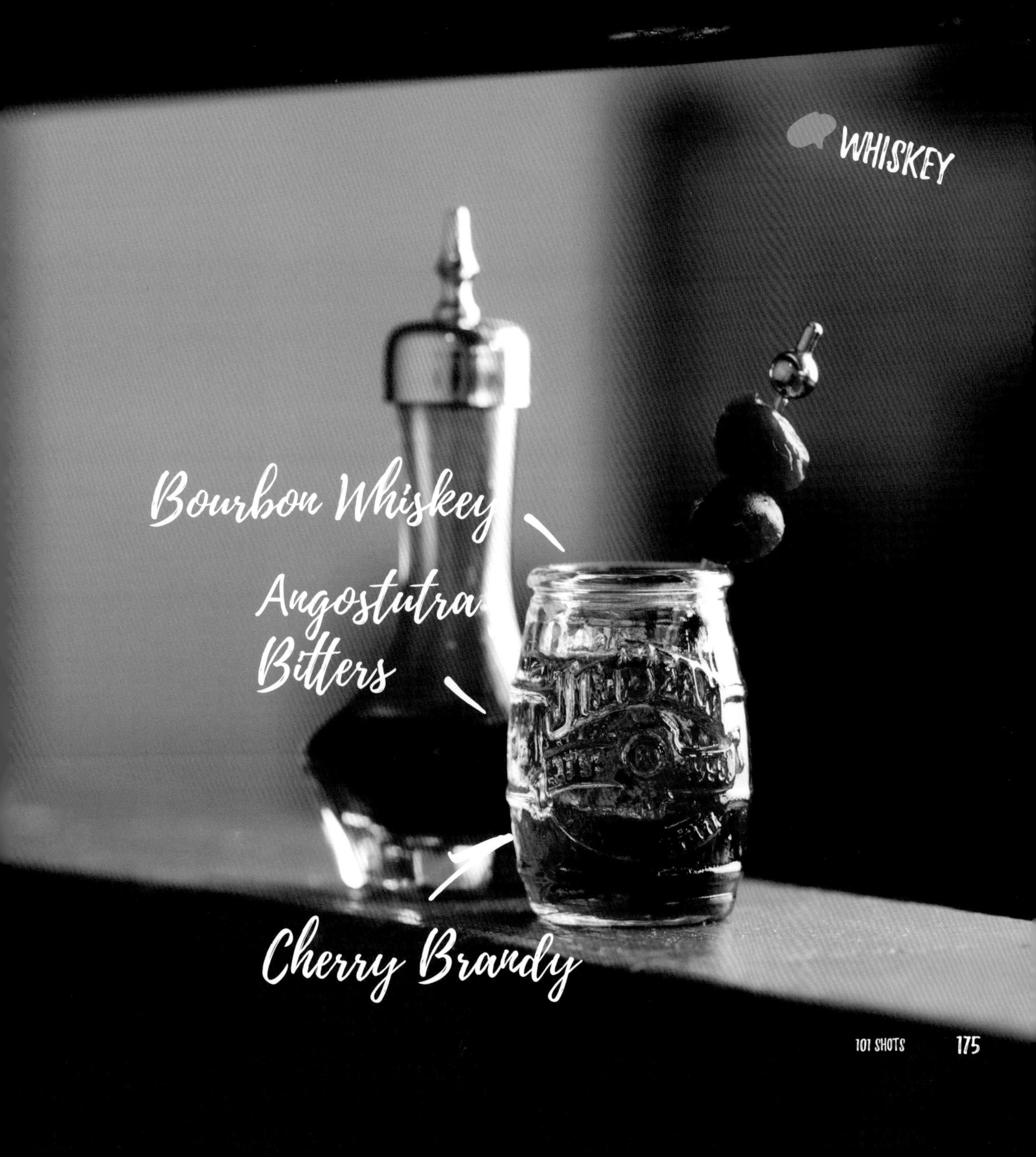

Bourbon Whiskey

Angostutra Bitters

Cherry Brandy

Ice Jade

Lemon Liqueur

Lemon Juice

Honey Whiskey

爱玉

HONEY LEMON ICE JADE

♠♠

万华艋舺夜市的怀念爱玉冰是我非常喜爱的夏季消暑点心，因此设计了这杯由蜂蜜、柠檬和爱玉3种材料组成的Shot。我爱你！

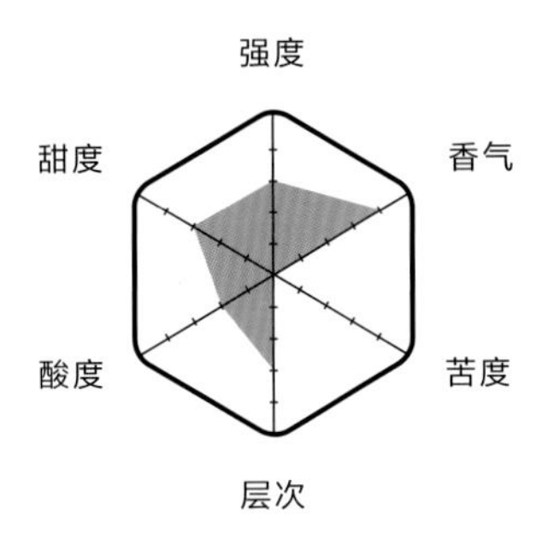

材料 1份 爱玉
1份 蜂蜜威士忌
1份 黄柠檬汁
3份 柠檬香甜酒

做法 在成品杯中依次注入爱玉→蜂蜜威士忌→黄柠檬汁→柠檬香甜酒即可。

喝法 一饮而尽。

Ingredients

1 part Ice Jade
1 part Honey Whiskey
1 part Lemon Juice
3 parts Lemon Liqueur

Method of drinking

Bottoms up.

Cherry whiskey
Angostutra Bitters

小老头

MINI OLD FASHIONED

把经典调酒Old Fashioned的特色浓缩在小小的Shot杯里，层次丰富，尾韵不间断。

材料 9份 樱桃威士忌
1份 原味苦精

装饰 橙子角

喝法 先喝酒再吃橙子。

做法 在成品杯中依次注入樱桃威士忌→原味苦精，搭配橙子角即可。

Ingredients
9 parts Cherry Whiskey
1 part Angostutra Bitters

Garnishes
Orange Wedge

Method of drinking
Shoot the shot then eat the orange.

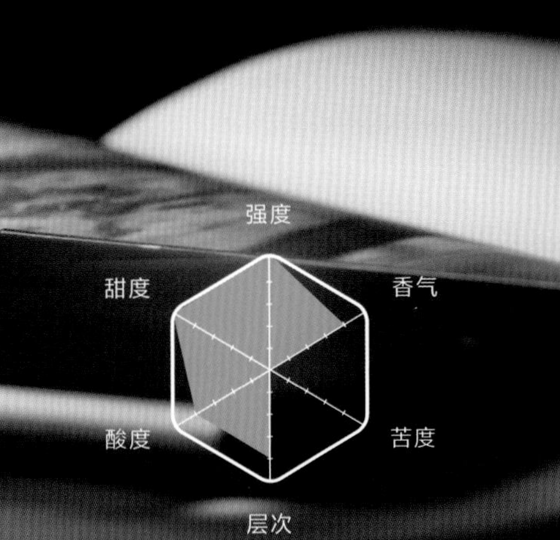

琴酒

有些酒很稳定，1+1必然等于2；但琴酒不一样，1+1可能等于3，也可能等于-2。
丰富的变化性，恰好可以反映出调酒师对酒的掌控度，
因此在TRIO酒吧里，我们特别喜欢用琴酒练习调酒。

琴酒的发源地在荷兰。300多年前，荷兰病理学家将杜松子和其他多种原料浸泡在蒸馏酒中，蒸馏后作为药酒使用，并以“Geniévre”（杜松子的法文）为其命名。由于杜松子带有柔和的香气，因此一般民众很乐于将它当成日常酒饮用。这款药酒传到英国后广受欢迎，在伦敦地区形成一股流行风潮。此时琴酒作为药酒的治病功效已经不再重要，英国人将它简称为更朗朗上口的名字——Gin，并沿用至今。

琴酒是蒸馏酒，原材料以谷类和杜松子为主，再加入多种香料（如大家熟知的芫荽子、柠檬或柑橘皮、八角、茴香子、当归、肉桂等）蒸馏而成；有的酒厂还将花草、水果和茶类等独家配方添入其中。最特别的是，琴酒并未被归类于再制酒类，而是约定俗成被视为六大基酒和蒸馏酒之一，甚至被称为鸡尾酒之王。市面上也有很多在琴酒中加入其他水果风味的琴酒利口酒。

琴酒的特征是香气十足、清新爽口且辨识度很高。以琴酒为基底的调酒中，最经典、也最能考验调酒师功力的鸡尾酒便是Martini（马提尼）。如何把琴酒调得优雅、呈现出个性上的优点，是一项挑战。这话怎么说呢？因为琴酒不是安全牌，它的个性鲜明，一点都不无聊，但如何让它的香气变成加分项，使调酒有1+1＞2的表现，才是功力所在！对一位资深调酒师或品酒者来说，平顺跟无聊是一体两面，在变化中表现个性才是值得追求的。

Gin

Lime Juice

Roselle Syrup

GIN

Gin

Lemon Juice

Plum Wine

Perilla Liqueur

LIQUID INTELLIGE

Gin
Lemon Juice
Rose Syrup

GIN

青瓜

CUCUMBER

用酸酸甜甜带点辣的腌渍小黄瓜，搭配拥有杜松子清香的琴酒，二者融为一体后，带有自然的气息。

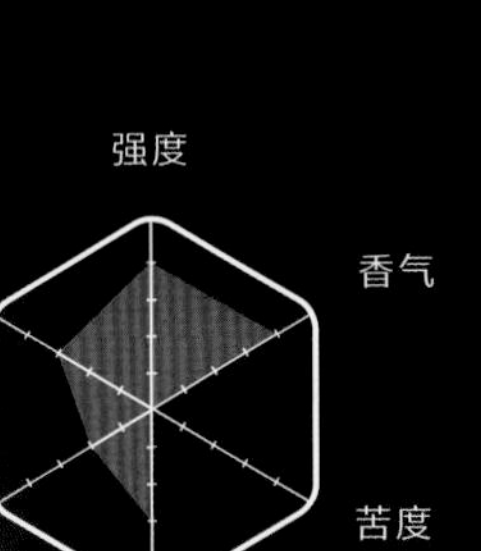

材料 3份 市售玫瑰糖浆
5份 柠檬汁
2份 琴酒

装饰 腌渍小黄瓜

喝法 在成品杯中依次注入市售玫瑰糖浆→柠檬汁→琴酒，杯口摆上腌渍小黄瓜即可。

做法 先喝酒再吃小黄瓜。

Ingredients

3 parts Rose Syrup
5 parts Lemon Juice
2 parts Gin

Garnishes

Pickled Cucumber

Method of drinking

Shoot the shot then eat the cucumber.

不要“李”了

NOTHING LIKE PLUM

♠♠

我经常在洗澡时灵感迸发，这杯调酒的创意也是在这种情况下产生的（窃笑）。以葡萄蒸馏酒为基底的Prucia和同样加了葡萄花的G'VINE结合，搭配李子的酸甜滋味，带出甜美风味和浓郁香气。

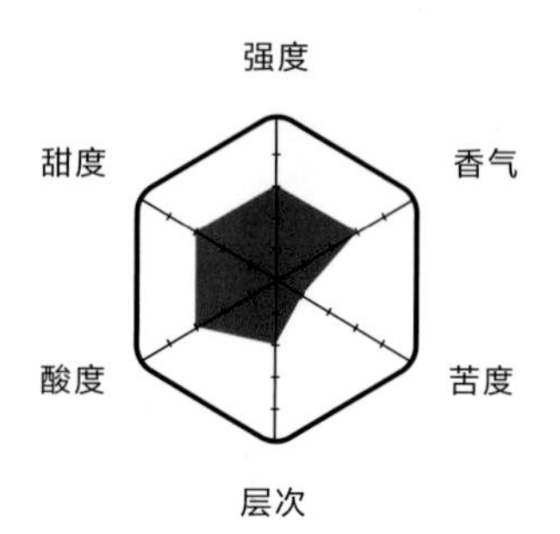

材料 3份 李子香甜酒
1份 柠檬汁
6份 琴酒

装饰 李子角

做法 在成品杯中依次注入李子香甜酒→柠檬汁→琴酒，搭配李子角即可。

喝法 先喝酒再吃李子。

Ingredients

3 parts Plum Liqueur

1 part Lemon Juice

6 parts G'VINE Gin

Garnishes

a slice of Plum

Method of drinking

Shoot the shot then eat the plum.

Lemon Juice
Plum Liqueur

A BUNCH OF HEARTS

一串心

♠♠♠

强度

甜度　香气

酸度　苦度

层次

材料	8份　琴酒 2份　新鲜柠檬汁
装饰	橙子丁 莓果奶酪丁 蓝莓
做法	在成品杯中依次注入琴酒→新鲜柠檬汁，搭配穿成一串的橙子丁、莓果奶酪丁及蓝莓即可。 ※琴酒必须事先冰镇；莓果奶酪也可用其他水果奶酪替代。
喝法	先喝酒再吃水果奶酪串。

Ingredients
8 parts Gin
2 parts Lemon Juice

Garnishes
Diced Orange
Berry Cheese
Blueberry

Method of drinking
Shoot the shot then eat the garnishes.

琴酒被称为“鸡尾酒的心脏”，搭配构思有点像宜兰知名小吃一串心，因而为它取了这个名字。吃的时候口中充满果香和奶酪融合的香气，搭配琴酒，就像缩小版的琴酒马提尼。

♥ GIN

Hendrick's Gin

Lemon Juice

Kiwi Liqueur

奇异爵士

KIWI JAZZ

♠♠♠

猕猴桃被认为是营养密度最高的水果，其功效之优异，甚至让人误以为，只要经常食用，就能像奇异博士一样，身体残疾也能恢复健康，最终进化成至尊魔法师——这当然是不可能的！

总之，由亨利爵士金酒带领，在各位的味蕾上演绎一场三重奏吧！

强度
甜度
香气
酸度
苦度
层次

材料 3份　猕猴桃香甜酒
1份　新鲜柠檬汁
6份　琴酒

喝法 喝完酒再吃猕猴桃。

装饰 猕猴桃片

做法 在成品杯中依次注入猕猴桃香甜酒→新鲜柠檬汁→琴酒，搭配猕猴桃片即可。

Ingredients
3 parts Kiwi Liqueur
1 part Lemon Juice
6 parts Hendrick's Gin

Garnishes
Kiwi Fruit Slice

Method of drinking
Shoot the shot then eat the kiwi fruit.

龙舌兰

Tequila

够劲！

龙舌兰，绝对是派对性格的酒！

想感受它的狂野，一定要一鼓作气喝掉它。

龙舌兰酒源自墨西哥，以多肉植物龙舌兰的茎为原料制成。早期它只是墨西哥当地的饮用酒，后来因为鸡尾酒“玛格丽特”（以龙舌兰为基酒）声名远播，使这款地方酒一跃成为风行全世界的饮品，成了第六大基酒。

用于调酒的龙舌兰有众多品种，其中品质最佳的是蓝色龙舌兰（Blue Agave），主要产地位于墨西哥的特奎拉镇一带。墨西哥政府明文规定，唯有在特定区域并使用51%以上的蓝色龙舌兰为原料，才能冠以“Tequila”（特奎拉）之名；而其他产地或使用混合了其他品种龙舌兰制造的龙舌兰酒，则称为“Mezcal”（梅斯卡尔）。也就是说，所有的Tequila都是Mezcal，但Mezcal却并不是Tequila。如今，Mezcal为了和Tequila竞争，设置了较好的分级制度，也改善了品质，不但保留了传统特色，而且各不同产区的酒还具有不同的风味。

依制作工艺的不同，龙舌兰酒有不同的分级制度：Blanco——蒸馏后的透明酒液，在橡木桶或不锈钢桶熟成约1个月后装瓶而成，也称为Silver；Reposado——“休息”之意，是将龙舌兰酒置于橡木桶中略做熟成，时间为1~12个月；Anejo——将龙舌兰酒置于橡木桶中熟成12个月以上。Blanco带有龙舌兰的原始香气，味道较强烈，也最具龙舌兰酒的特色；经木桶熟成的龙舌兰酒则带有琥珀色，称为Reposado或Anejo，具有木桶陈年时带来的特殊香气。

由于龙舌兰是口感强烈且性格非常鲜明的酒，用于调酒时，要注意配料的互相搭配。配料必须要够结实，味道才能平衡搭配。

HOME RUN

全垒打

向电影《KANO》传达的奋战到底、永不放弃的精神致敬！装饰物使用以棒球男童图案包装的王子面，搭配未经过橡木桶熟成，带有白胡椒香气的银色龙舌兰，以脆面调味用的胡椒盐作为呼应。

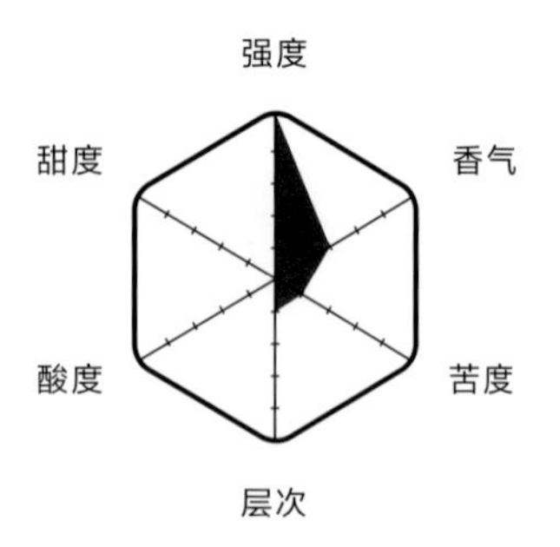

材料 10份　浅色龙舌兰

装饰 脆面
胡椒盐（调味包）

做法 在成品杯中注入浅色龙舌兰，搭配撒了胡椒盐调味的脆面即可。

喝法 先喝酒再吃面（小心不要被胡椒盐呛到）。

Ingredients
10 parts Tequila Blanco

Garnishes
Instant Noodle Snack and Seasoning

Method of drinking
Shoot the shot then eat the spiced noodle.

※ 王子面是台湾知名的方便面品牌，可作为点心食用。

Tequila Blanco

DOGA SHOT

辣椒饼干

材料 10份　梅斯卡尔

装饰 台南辣椒饼干

做法 在成品杯中注入梅斯卡尔，搭配台南辣椒饼干即可。

喝法 先吃一半饼干，干杯后再吃另外一半。

备注 梅斯卡尔是龙舌兰的一种，使用传统方式酿造。在制作过程中，会将龙舌兰植物先放入土堆中烘烤，因此具有特殊的烟熏香气，与辣椒饼干的味道非常协调。

Ingredients
10 parts Mezcal

Garnishes
Dry Chili Cracker

Method of drinking
Take a bite of the cracker, drink the shot then finish the cracker.

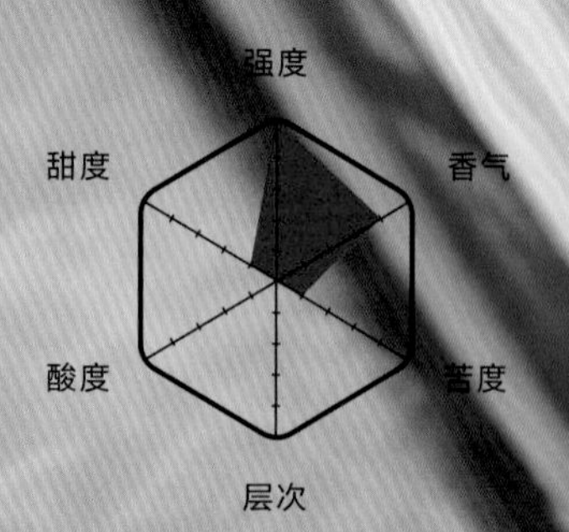

因为自己爱吃辣，所以用这款辣椒饼干搭配墨西哥梅斯卡尔，享受烟熏味与辣味的绝妙口感。

Mezcal

Tequila

帽子

TAPAS

♠♠♠

奶酪的咸味、罗勒的香味、红酒醋与小西红柿的酸度，仿效Tapas（西班牙的轻便小食）撒上胡椒的方式，搭配香辣的Tequila。如此香味丰富又强劲的Shot，适合当开味小点。

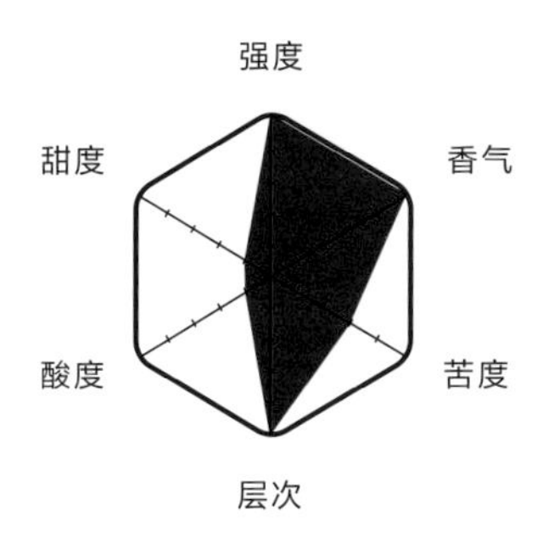

材料	10份　龙舌兰
装饰	奶酪 罗勒 小西红柿 红酒醋
做法	在成品杯中注入龙舌兰，杯口放上奶酪、罗勒、小西红柿，然后滴一点红酒醋即可。
喝法	先吃搭配小食再喝酒。

Ingredients

10 parts Tequila

Garnishes

Cheese
Basil
Tomato
Balsamic Vinegar

Method of drinking

Eat the garnishes then shoot the shot.

Reposado Tequila

Fresh Lime Juice

Cointreau

Charleston Follies

TEQUILA

仰望101

YES 101

幻想着与你一同在台北101大楼的顶楼飞翔，抓住避雷针对着流星许愿……得到的答案会不会是“Yes”？

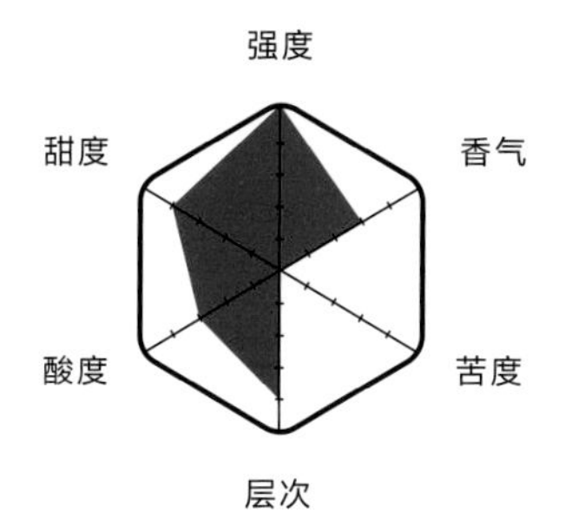

材料 2份 荒唐查理香甜酒
1份 君度橙酒
2份 新鲜青柠汁
5份 金色龙舌兰

装饰 焦糖杨桃片

做法 在成品杯中依次注入荒唐查理香甜酒→君度橙酒→新鲜青柠汁→金色龙舌兰，搭配焦糖杨桃即可。

喝法 干杯后吃焦糖杨桃。

备注 焦糖杨桃：将少许白砂糖撒在杨桃片上，用喷枪炙烤10秒。

Ingredients

2 parts Charleston Follies
1 part Cointreau
2 parts Fresh Lime Juice
5 parts Reposado Tequila

Garnishes

Caramelized Carambola Slice

Method of drinking

Shoot the shot then eat the carambola.

Mezcal

NINJA

忍者

梅斯卡尔源自墨西哥，属于龙舌兰的一种，带有木质辛香味。用它搭配清爽的小黄瓜、日式风味海苔酱、柚子味噌及山椒粉，中西混搭形成的强烈味道中，具有一种巧妙的和谐。

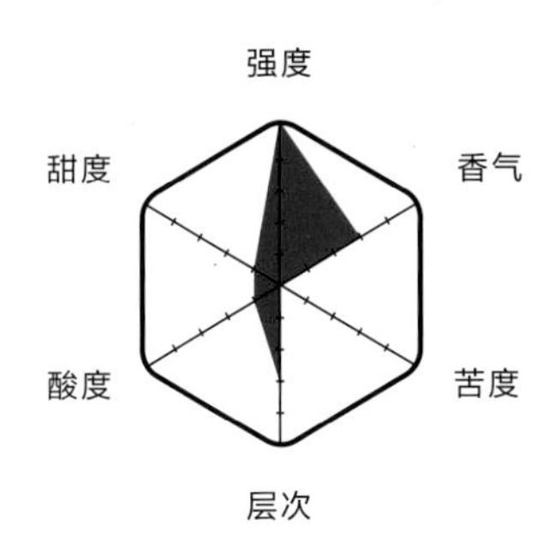

材料 10份 梅斯卡尔

装饰 小黄瓜 1/4小段
海苔酱 1小匙
柚子味噌 2小匙
山椒粉 少许

做法 在成品杯中注入梅斯卡尔，搭配调味小黄瓜即可。

喝法 先吃小黄瓜再喝酒。

备注 选用任何龙舌兰酒都可以。先将小黄瓜切段，蘸点海苔酱，挤上柚子味噌，再撒上山椒粉即可。

Ingredients
1 part Mezcal

Garnishes
1/4 of a Cucumber
1 dash of Seaweed Sauce
2 dashes of Grapefruit Miso
a bit of Grounded Sichuan Pepper

Method of drinking
Eat the cucumber then shoot the shot.

TEQUILA
Strawberry Yogurt
Chambord Black Raspberry Liqueur
Strawberry Cream Liqueur

草莓小姐

MISS STRAWBERRY

我是草莓小姐，我令你为我疯狂。甜是我，酸是我，容易心碎也是我……

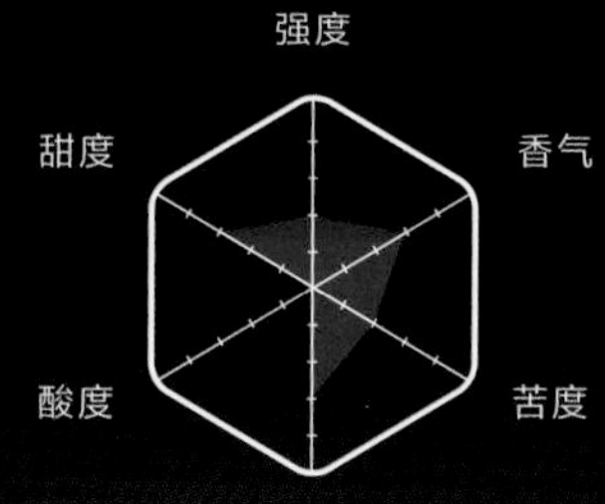

材料 3份 黑莓香甜酒
6份 草莓龙舌兰奶酒
1份 草莓酸奶

装饰 草莓

做法 在成品杯中依次注入黑莓香甜酒→草莓龙舌兰奶酒→草莓酸奶，搭配草莓即可。

喝法 先喝酒再吃草莓。

Ingredients
3 parts Chambord Black Raspberry Liqueur
6 parts Strawberry Cream Liqueur
1 part Strawberry Yogurt

Garnishes
Strawberry

Method of drinking
Shoot the shot then eat the strawberry.

Chilled Tequila

墨西哥槟榔

MEXICAN BETEL NUT

据说，这是纯饮龙舌兰最炫的方法！现磨深烘焙Espresso咖啡粉的粗细与香气，是这款调酒风味的关键。

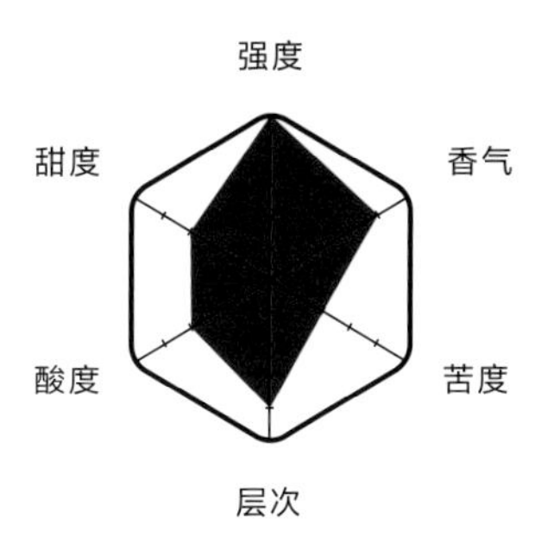

材料 10份 冷冻龙舌兰

装饰 柠檬薄片
细白砂糖
深烘焙细研磨咖啡粉

做法 在成品杯中注入冷冻龙舌兰，每片柠檬薄片搭配1/2茶匙的细白砂糖和深烘焙细研磨咖啡粉即可。

喝法 将柠檬薄片对折，方能入口。咀嚼后，将龙舌兰一口饮尽，并吞下柠檬片。

Ingredients
10 parts Chilled Tequila

Garnishes
Lemon Slice
Sugar
Ground Coffee

Method of drinking
Chew the lemon slice wrapped with sugar and ground coffee then shoot the shot.

过河拆桥

BURN THE BRIDGE

这里所说的“过河拆桥”暗含着破釜沉舟的决心。一口吞下鹿伯酒加龙舌兰，绝对是一种决绝的态度。

材料	5份　鹿伯酒 5份　龙舌兰
装饰	1颗　市售腌渍珍珠洋葱
做法	在成品杯中依次注入鹿伯酒→龙舌兰，搭配腌渍珍珠洋葱即可。
喝法	直接纯饮。

Ingredients

5 parts Jägermeister

5 parts Tequila

Garnishes

1 Pearl Onion

Method of drinking

Cheers.

Tequila

Jägermeister

香甜酒有各种不同的风貌，

它们是调酒中的精灵，带给鸡尾酒多变的风格。

除了之前介绍的六大基酒之外，接下来会使用到其他酒款，如冲绳泡盛和各种利口酒（Liqueur）：Southern Comfort, Campari, Sambuca, Absinthe, Advocaat, Bitters等。

关于“泡盛”这个名字的由来，有两种说法：一种说法认为，这个名字源自于酒发酵时产生的气泡，使大米膨胀并上浮（泡盛る）；另一种说法则认为，早期酿造泡盛使用的是未加工的粟，“粟”与“泡”在琉球语中同音（都读作“アー/aa”），泡盛因此得名。

冲绳泡盛是特产于琉球群岛的蒸馏酒，采用大米和琉球当地的黑麹制成。与日本清酒的酿造方式不同，冲绳泡盛是烧酒。泡盛古酒必须100%使用熟成3年或3年以上的泡盛，才可称作“古酒”。

利口酒是在蒸馏酒中加入果实、药草和香草等香味成分，再添加砂糖或糖浆等甜味调味料，有些还会添加着色料，混合调制成各种风味的香甜酒。利口酒的调制方法可以改善调酒的风味，在调酒时经常使用。

Creme Liqueur
Yolk Liqueur

蛋蛋

DUBBLE EGGS

小卤蛋卤过了头，就变成“铁蛋”了！带着蛋黄酥口感的蛋黄酒，搭配奶酒，再配上辣辣的铁蛋，呼呼～～

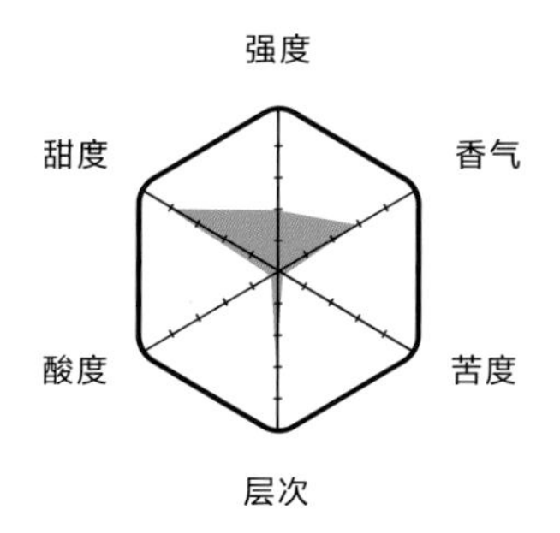

材料	5份　蛋黄香甜酒 5份　奶酒
装饰	市售辣铁蛋1/2个
做法	在成品杯中依次注入蛋黄香甜酒→奶酒，搭配辣铁蛋即可。
喝法	先喝酒再吃辣铁蛋。
备注	蛋黄香甜酒和奶酒可以选用不同品牌。

Ingredients

5 parts Yolk Liqueur

5 parts Creme Liqueur

Garnishes

Half Marinated Egg

Method of drinking

Shoot the shot then eat the egg.

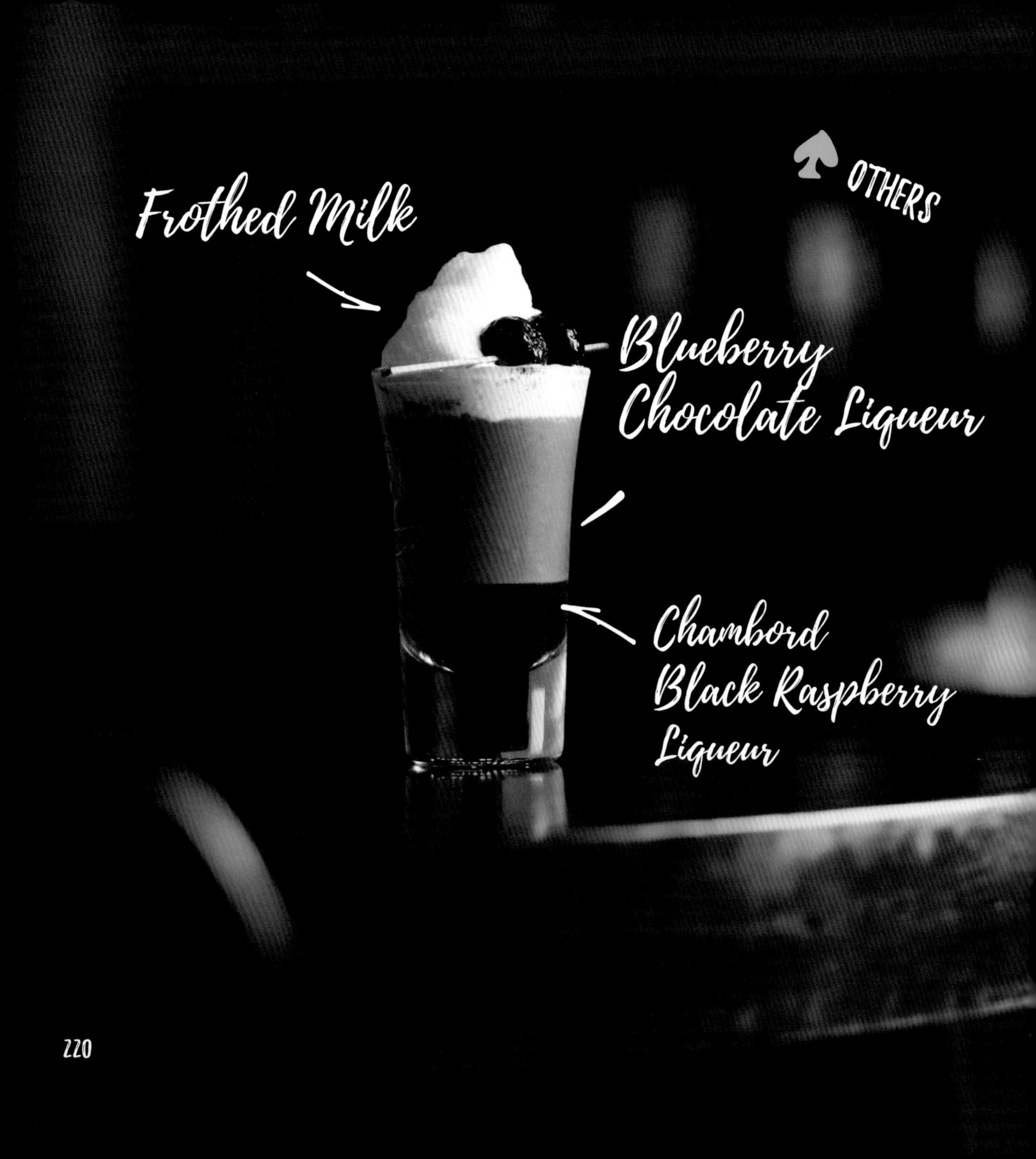

Frothed Milk

Blueberry
Chocolate Liqueur

Chambord
Black Raspberry
Liqueur

我的蓝莓夜

MY BLUEBERRY NIGHT

酒和爱情，犹如戒不掉的瘾，带来无数心碎的夜晚，抑或开启疗伤的旅途；见证一段爱情的结束，也加速另一段爱情的萌芽……

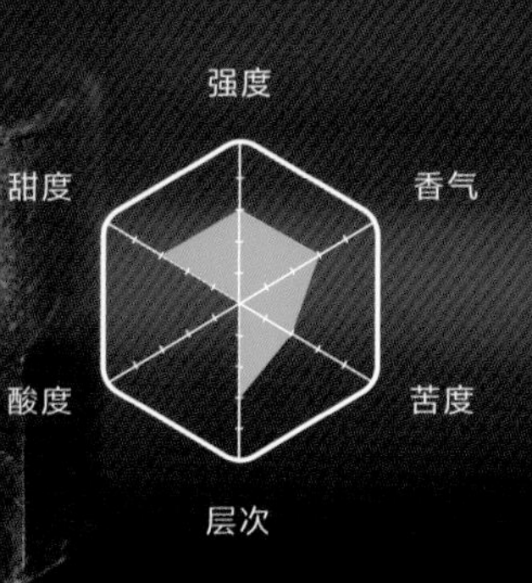

♠♠♠♠

材料	6份　自制蓝莓可可酒 3份　华冠莓果香甜酒 1份　鲜奶泡
装饰	蓝莓
做法	在成品杯中依次注入自制蓝莓可可酒→华冠莓果香甜酒，放上打发的鲜奶泡，再以蓝莓装饰即可。
喝法	先喝酒再吃蓝莓。
备注	蓝莓可可酒：准备60毫升蓝莓伏特加、30毫升君度橙酒、30毫升奶酒、15毫升朗姆酒、10克苦甜可可粉和15毫升动物性鲜奶油，将所有材料倒入果汁机中，混合打匀即可使用。

Ingredients

6 parts Blueberry Chocolate Liqueur
3 parts Chambord Black Raspberry Liqueur
1 part Frothed Milk

Garnishes

Blueberries

Method of drinking

Shoot the shot then eat the blueberries.

Awamor

Banana Liqueur

Hazelnut Liqueur

OKINAWA BANANA

冲绳巴娜娜

嗨，巴娜娜……从没告诉过你，我始终忘不掉，你转身离开后的余味。

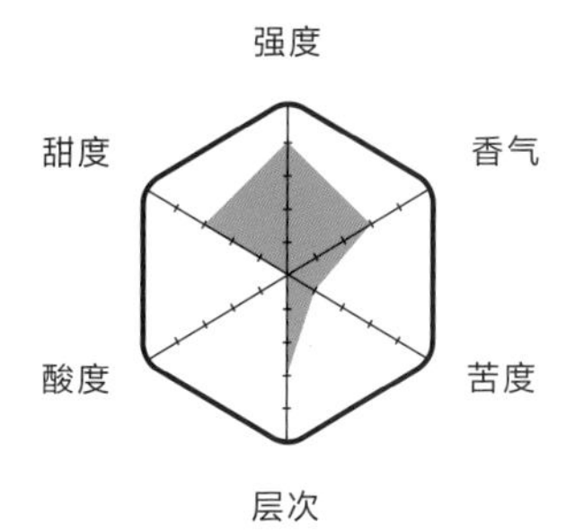

材料 2份 榛果香甜酒
2份 香蕉香甜酒
6份 泡盛

装饰 花生酱

做法 在成品杯中依次注入榛果香甜酒→香蕉香甜酒→泡盛，以花生酱涂杯口即可。

喝法 直接纯饮。

Ingredients

2 parts Hazelnut Liqueur
2 parts Banana Liqueur
6 parts Awamori

Garnishes

Peanut Butter

Method of drinking

Cheers.

OTHERS

Awamori
Cherry Bitters
Cherry Liqueur

日落冲绳

OKINAWA SUNSET

♠♠

虽然夕阳西下，我依然流连在久米岛上，希望将这一切美好烙印于心。

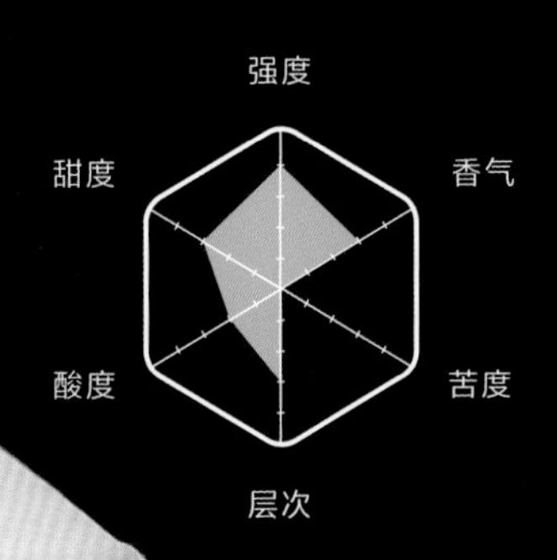

材料 3份 樱桃香甜酒
3滴 樱桃苦精
7份 泡盛

装饰 橙子角

做法 在成品杯中依次注入樱桃香甜酒→樱桃苦精→泡盛，杯口放上橙子角即可。

喝法 先喝酒再吃橙子。

Ingredients

3 parts Cherry Liqueur
3 drops of Cherry Bitters
7 parts Awamori

Garnishes

Orange Wedge

Method of drinking

Shoot the shot then eat the orange.

38%
Sorghum Wine

Plum Liqueur

金瓶梅

THE FORBIDDEN

♠♠

当个性强烈的金门高粱，遇上个性温顺的蜜李香甜酒，就“干柴烈火”了……

强度
甜度
香气
酸度
苦度

材料 5份 蜜李香甜酒
5份 38%金门高粱

装饰 市售茶梅1颗

做法 在成品杯中依次注入蜜李香甜酒→38%金门高粱，搭配茶梅即可。

喝法 先喝酒再吃茶梅。

Ingredients

5 parts Plum Liqueur
5 parts 38% Sorghum Wine

Garnishes

1 Tea Plum

Method of drinking

Shoot the shot then eat the plum.

PINK BUBBLES

粉红爱恋

宛如初恋的心动，闻时香甜，饮时层次分明，入喉后，尝尽“爱”的酸甜苦辣。

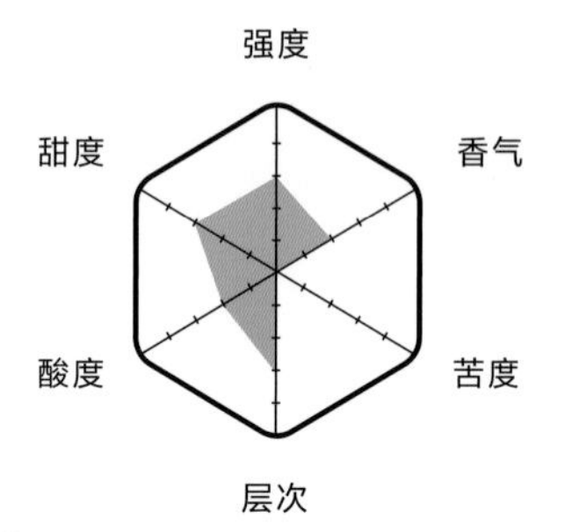

材料　4份　葡萄柚香甜酒
2份　琴酒
3份　洋梨伏特加
1份　新鲜柠檬汁

装饰　焦糖青苹果片

做法　在成品杯中依次注入葡萄柚香甜酒→琴酒→洋梨伏特加→新鲜柠檬汁，搭配焦糖青苹果片即可。

喝法　先喝酒再吃苹果。

Ingredients

4 parts Grapefruit Liqueur
2 parts Gin
3 parts Pear Vodka
1 part Lemon Juice

Garnishes

Baked Green Apple Slice

Method of drinking

Shoot the shot then eat the apple.

Pear Vodka

Gin

Lemon Juice

Grapefruit Liqueur

Bailey's
(Cream Liqueur)

Sambuca

夹脚拖

SLIPPER

亚洲人对八角一点都不陌生，经常将它用于烹饪调味，但用在饮品上却不多。没想到八角与奶酒这么合拍，再撒上一点肉桂粉，为整杯酒的味道画龙点睛。

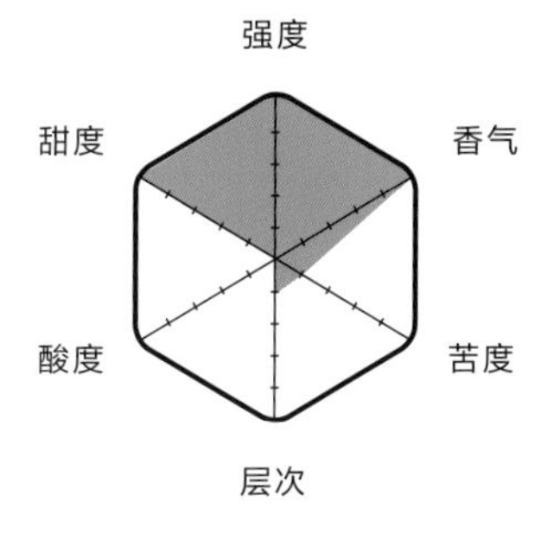

材料 5份 茴香酒
5份 奶酒

装饰 肉桂粉

做法 在成品杯中依次注入茴香酒→奶酒，表面撒上肉桂粉即可。

喝法 干杯。

Ingredients

5 parts Sambuca

5 parts Bailey's (Cream Liqueur)

Garnishes

Cinnamon Powder

Method of drinking

Bottoms up.

SPRING BOX

潘多拉盒子

材料	5份　绿薄荷香甜酒 5份　奶酒
做法	在成品杯中依次注入绿薄荷香甜酒→奶酒即可。
喝法	干杯。

Ingredients

5 parts Green Mint Liqueur

5 parts Bailey's (Creme Liqueur)

Method of drinking

Bottoms up.

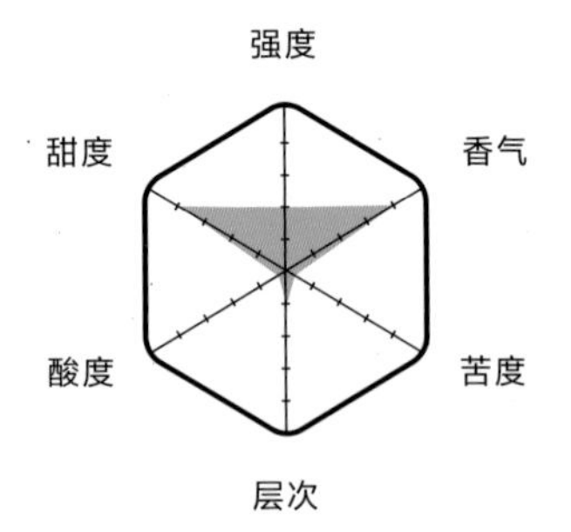

吃过Andes（安第斯）薄荷巧克力吗？这杯Shot就是这种味道。一口香醇巧克力风味伴随着薄荷的清凉，唤起年少时的美好回忆。

Bailey's
(Creme Liqueur)

Green Mint Liqueur

Mango Vodka

Lemon Juice

Plum Liqueur

Charleston Follies

RED HEART CHARLIE

红心查理

材料 2份 荒唐查理香甜酒
2份 蜜李香甜酒
1份 柠檬汁
5份 芒果伏特加

装饰 红心番石榴片

做法 在成品杯中依次注入荒唐查理香甜酒→蜜李香甜酒→柠檬汁→芒果伏特加，搭配红心番石榴片即可。

喝法 先喝酒再吃番石榴。

Ingredients

2 parts Charleston Follies
2 parts Plum Liqueur
1 part Lemon Juice
5 parts Mango Vodka

Garnishes

Guava Slices

Method of drinking

Shoot the shot then eat the guava slices.

荒唐查理是充满热带水果风味的香甜酒，与芒果伏特加和蜜李香甜酒融合，再配上红心番石榴，既顺口又香甜。

Gin
Lemon Juice
Creme De Cassis

华盛顿的樱桃

CHERRY

“诚实的行为比1000棵樱桃树更有价值。”让我们诚实地面对自己的内心，我就是爱喝酒呀！怎么样？

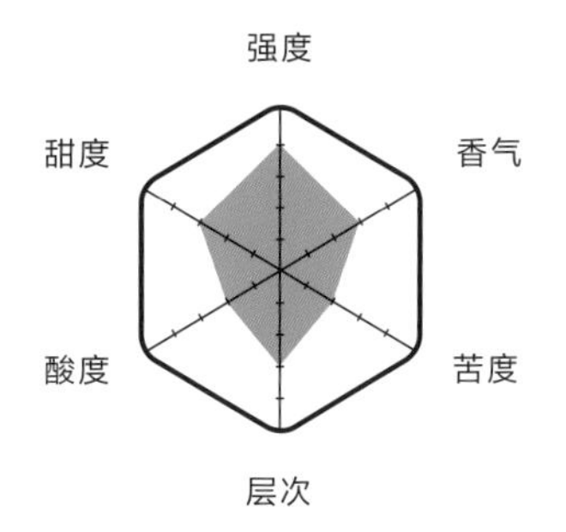

材料 3份 黑醋栗香甜酒
5份 柠檬汁
2份 琴酒

装饰 新鲜樱桃

做法 在成品杯中依次注入黑醋栗香甜酒→柠檬汁→琴酒，搭配新鲜樱桃即可。

喝法 先喝酒再吃樱桃。

Ingredients

3 parts Creme de Cassis

5 parts Lemon Juice

2 parts Gin

Garnishes

Cherry

Method of drinking

Shoot the shot then eat the cherry.

Whipped Cream
Espresso
Amaretto

杏仁派

ALMOND PIE

♠♠♠

以甜点为概念，浓郁的杏仁香味、Espresso的苦、鲜奶油的滑顺、饼干的香脆。这种口感的结合，像是吃了一口味道浓郁的杏仁蛋糕。这是一杯适合作为餐后的甜点Shot。

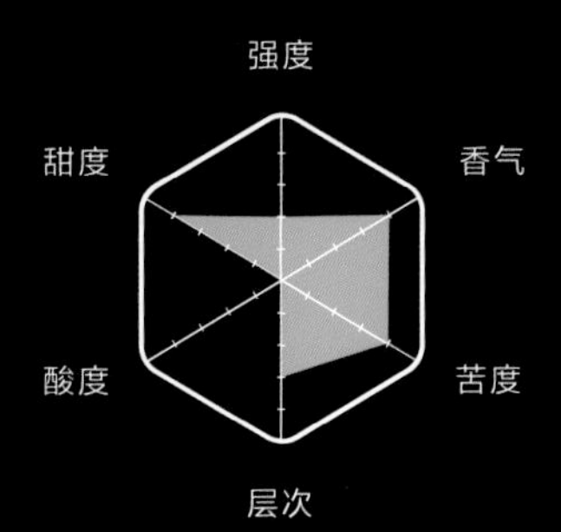

材料　4份　杏仁香甜酒
4份　意式浓缩咖啡
2份　打发鲜奶油

装饰　消化饼干

做法　在成品杯中依次注入杏仁香甜酒→意式浓缩咖啡→打发鲜奶油，搭配消化饼干即可。

喝法　先喝酒再吃饼干。

Ingredients

4 parts Amaretto
4 parts Espresso
2 parts Whipped Cream

Garnishes

Digestive Biscuit

Method of drinking

Shoot the shot then eat the biscuit.

70% Absinthe
Lemon Juice
Elderflower Syrup

巨人

GIANT

想和巨人一样强壮吗？那就挑战一杯强劲有力的Shot吧！

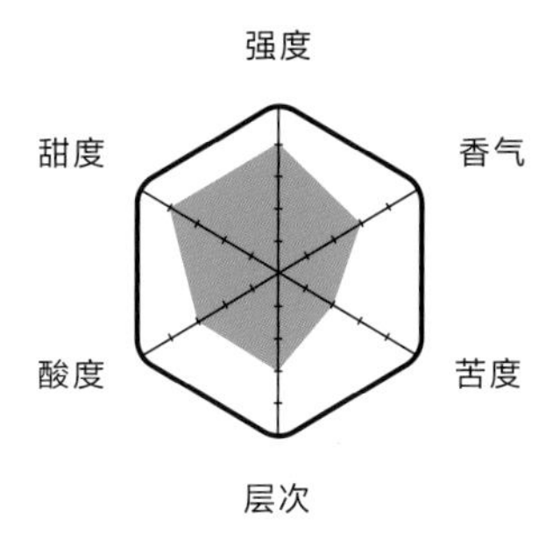

材料　4份　接骨木花糖浆
1份　柠檬汁
5份　70%艾碧斯

装饰　焦糖猕猴桃片

做法　在成品杯中依次注入接骨木花糖浆→柠檬汁→70%艾碧斯，搭配焦糖猕猴桃片即可。

喝法　先喝酒再吃猕猴桃。

Ingredients
4 parts Elderflower Syrup
1 part Lemon Juice
5 parts70% Absinthe

Garnishes
Caramelized Kiwi Fruit Slice

Method of drinking
Shoot the shot then eat the kiwi fruit.

CEREAL

巧克力脆片

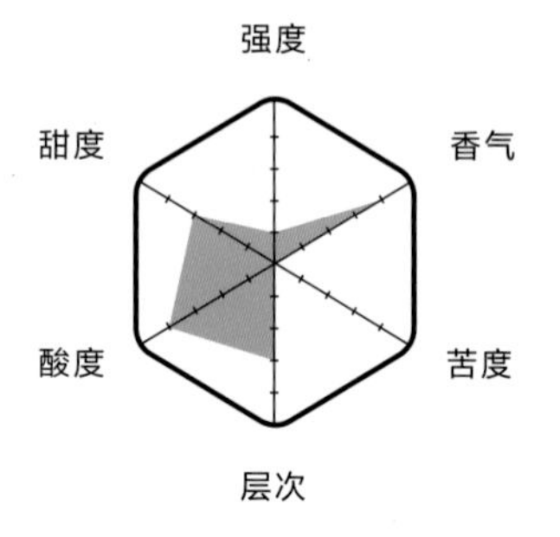

材料 5份 鲜奶
5份 黑巧克力利口酒

装饰 巧克力脆片

做法 在成品杯中依次注入鲜奶→黑巧克力利口酒，搭配巧克力脆片即可。

喝法 先喝酒再吃巧克力脆片。

备注 巧克力脆片：将融化的巧克力做成圆片，撒上玉米脆片，凝固后即可使用。

Ingredients
5 parts Milk
5 parts Mozart Black

Garnishes
Cereal

Method of drinking
Shoot the shot then eat the cereal.

早餐玉米片带给我灵感，想设计出一款酒量不好的人也可以大口大口喝的Shot。牛奶、黑巧克力利口酒加上巧克力脆片，酒精浓度稍低，让喝Shot也能像吃甜点一样甜滋滋。

Milk

Mozart Black

埔里之光

PASSIONATE SOUTH

这款调酒跟焦糖菠萝一样带有热带风味，热带风情强调了百香果的味道。用两种不一样的酸味（柠檬与百香果），衬托出南方安逸香甜酒的酒香。

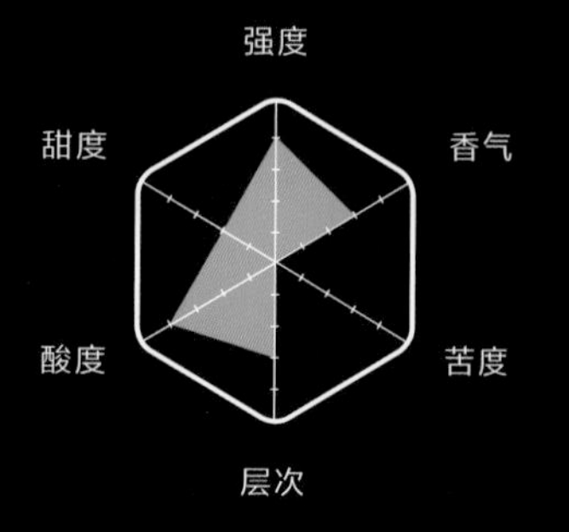

材料 6份 南方安逸香甜酒
2份 柠檬汁
2份 百香果糖浆
（也可将一半的分量换成新鲜百香果）

装饰 百香果

做法 将所有材料连同冰块一起倒入三件式调酒器中，充分摇晃后滤冰，倒在百香果中。

喝法 先喝酒再吃百香果。

Ingredients
6 parts Southern Comfort
2 parts Lemon Juice
2 parts Passion Fruit Syrup

Garnishes
Passion Fruit

Method of drinking
Shoot the shot then eat the fruit.

PACIFIC

Lemon Juice

Southern Comfort

Passion Fruit Syrup

泰泰有事吗

THAI-U-UP

记得那是个台风天，这款酒正处于配方调试阶段，所以我不断地试喝，当时应该已是满嘴大蒜味了吧！后来担心停班休假，只好抱着大蒜酒回家继续试。因为使用了泰式汤盐，又遇上台风天，所以给它取了这个名字。不觉得真的会有事吗？

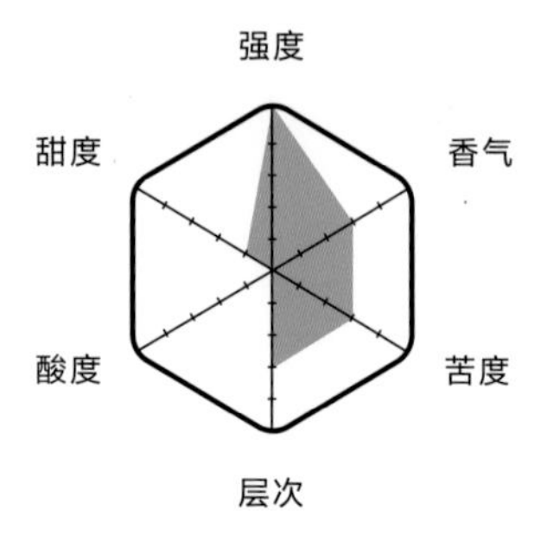

♠♠♠♠

材料	4份　自制大蒜泡盛 6份　泡盛
装饰	小西红柿 泰式汤盐或泰式泡面粉 青海苔粉
做法	在成品杯中依次注入自制大蒜泡盛→泡盛。将小西红柿对半切开，在表面撒上泰式汤盐和青海苔粉，然后用小西红柿串作装饰即可。
喝法	先喝酒再吃小西红柿。
备注	大蒜泡盛：将1瓣大蒜（8克）用100毫升泡盛浸泡一天即可。（泰式汤盐也可用泰式泡面调味包替代）

Ingredients

4 parts Homemade Garlic Awamori
6 parts Awamori

Garnishes

Tomato
Thai Soup Spice
Seaweed Powder

Method of drinking

Sprinkle spice on the tomato.
Shoot the shot then eat the tomato.

Awamori

Homemade
Garlic
Awamori

Homemade Limoncello Awamori

冲绳礼炮

OKINAWA SALUTE

这款Shot是某年为了一场宣传冲绳文化“泡盛”的活动而设计的。当时冲绳来的朋友带来了当地产的小橘子，店里也自制了柠檬酒，于是把两者结合。后来虽然没有成行，却是个很不错的经验。

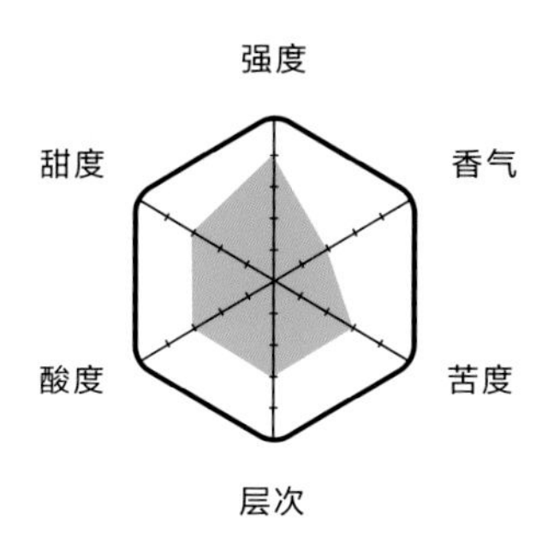

材料 10份　自制泡盛意大利柠檬酒

装饰 金橘
山椒盐

做法 在成品杯中注入自制泡盛意大利柠檬酒，搭配撒上山椒盐的金橘片即可。

喝法 先喝酒再吃金橘。

备注 泡盛意大利柠檬酒：1.将1个柠檬的表皮刨成碎屑，加入100毫升泡盛中，浸泡24小时后，过滤出酒液。2.将60克细砂糖用60毫升热水调匀至细砂糖溶解，静置冷却。3.将过滤后的酒液与冷却的糖水混合即可。

Ingredients

10 parts Homemade Limoncello Awamori

Garnishes

Kumquat

Szechuan Pepper and Salt

Method of drinking

Shoot the shot then eat the garnish.

PASSIONATE SOUTH

热情南方

今晚，让我们一起飞向热情的小南国吧！

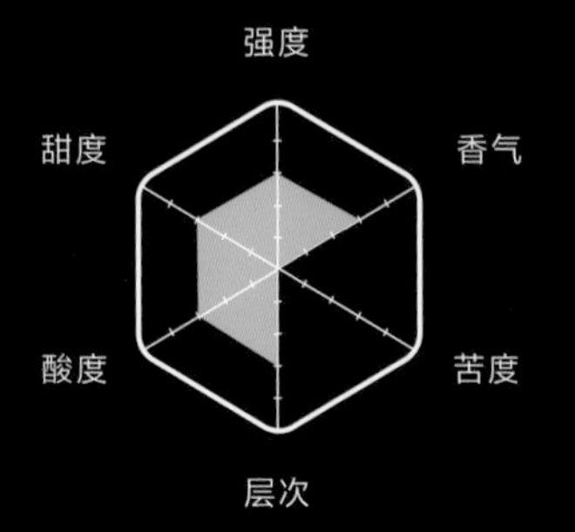

材料　1份　新鲜百香果汁
2份　新鲜青柠汁
2份　百香果利口酒
5份　南方安逸香甜酒

装饰　软糖

做法　在成品杯中依次注入新鲜百香果汁→新鲜青柠汁→百香果利口酒→南方安逸香甜酒，搭配软糖即可。

喝法　干杯后吃软糖。

Ingredients

1 part Fresh Passion Fruit Juice
2 parts Fresh Lime Juice
2 parts Passion Fruit Liqueur
5 parts Southern Comfort

Garnishes

Soft Sweets

Method of drinking

Shoot the shot then eat the soft sweets.

Southern Comfort

Passion Fruit Liqueur

Fresh Lime Juice

Fresh Passion Fruit Juice

Aged Awamori

Islay Single Malt Whiskey

琉球王的眼泪

OKINAWA'S TEARS

Okinawa这座美丽的海岛，日本称之为冲绳，中国则叫它琉球。古琉球王如果明白这种差异的原因，不知道会不会留下眼泪……

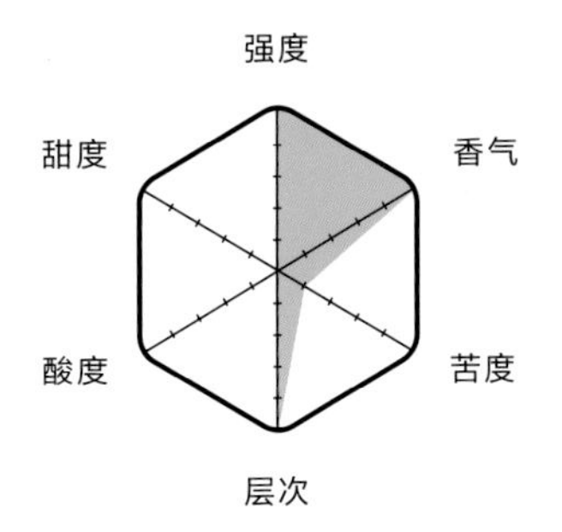

材料 10份 泡盛古酒
2滴 艾雷岛威士忌

装饰 培根碎

做法 在成品杯中依次注入泡盛古酒→艾雷岛威士忌，搭配煎至表面焦香的培根碎即可。

喝法 先咀嚼培根碎，再一饮而尽。

Ingredients
10 parts Aged Awamori
2 drops of Islay Single Malt Whiskey

Garnishes
Bacon Bits

Method of drinking
Chew the bacon bits then shoot the shot.

Red Absinthe

Lemon Juice

Apple Liqueur

文森特的禁果

FORBIDDEN FRUIT OF VINCENT

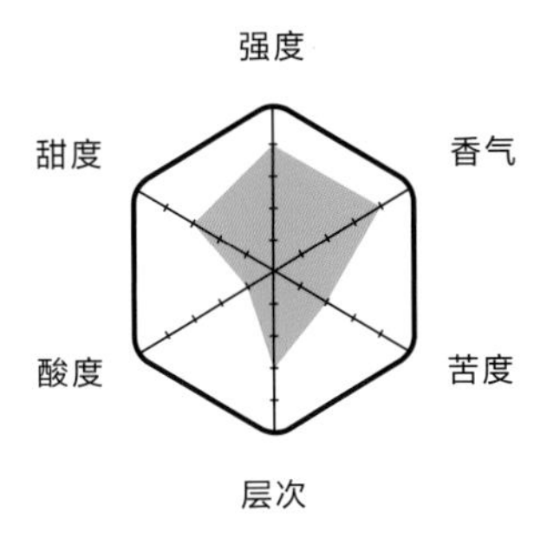

材料 7份　苹果香甜酒
1份　新鲜柠檬汁
2份　红苦艾酒

装饰 苹果片上撒肉桂糖

做法 在成品杯中依次注入苹果香甜酒→新鲜柠檬汁→红苦艾酒，搭配撒了肉桂糖的苹果片即可。

喝法 先喝酒再吃苹果。

Ingredients

7 parts Apple Liqueur

1 part Lemon Juice

2 parts Red Absinthe

Garnishes

Apple Slice with Cinnamon Sugar

Method of drinking

Shoot the shot then eat the apple.

据说，文森特·梵高原本不怎么爱喝酒，直到1886年他在巴黎的酒馆里尝到了苦艾酒，开启了创作能量大爆发的时期，但也因此加剧了精神疾病，甚至诱发癫痫症状。直至1890年，他为自己的生命画下句点。所以，说苦艾酒是文森特的禁果，应该也不为过吧？

BLACK HOLE SUN

黑洞太阳

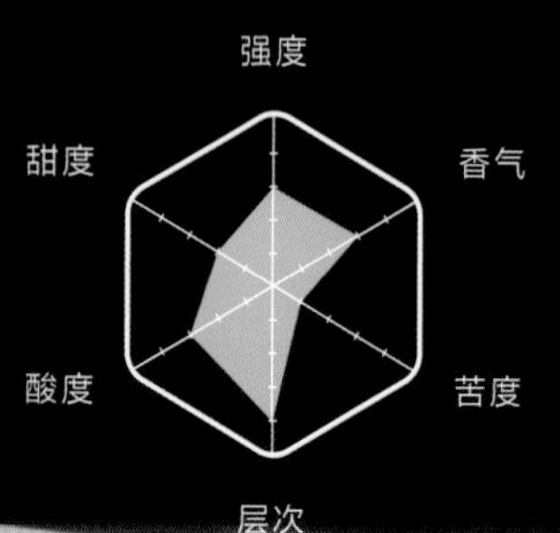

材料	1份　杏仁香甜酒 3份　橙汁 6份　南方安逸香甜酒
装饰	橙子片
做法	在成品杯中依次注入杏仁香甜酒→橙汁→南方安逸香甜酒，搭配橙子片即可。
喝法	直接纯饮。
备注	杏仁香甜酒建议选用Disaronno。

Ingredients

1 part Amaretto

3 parts Orange Juice

6 parts Southern Comfort

Method of drinking

Cheers.

声音花园乐队的主唱克里斯·康奈尔于2017年5月17日让自己的生命归于寂静，仿佛回归到他的代表作之一《黑洞太阳(Black Hole Sun)》去了。以南方安逸香甜酒加上新鲜橙汁，代表南国的阳光（希望这颗太阳别那么沉重了）；最后以风味复杂的Disaronno杏仁香甜酒甜美收尾。毕竟，个性不足对于一位摇滚歌手来说是很困扰的啊！Black hole sun, won't you come（黑洞太阳，你不来吗）？

Southern Comfort

Orange Juice

Amaretto

OTHERS

轰炸机

B52

轰炸机躲在平流层的云层里，密集的炸弹抛下，战场上一片血肉横飞……又是一场残酷的战争……但这杯酒好喝得惊人！

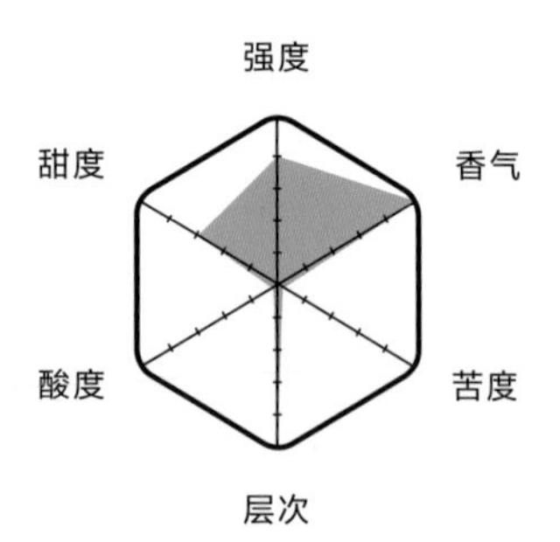

材料 3份 咖啡香甜酒
3份 奶酒
4份 干邑香橙酒

做法 在成品杯中依次注入咖啡香甜酒→奶酒→干邑香橙酒，然后点燃干邑香橙酒即可。

喝法 用吸管插到杯底，一口吸完。

Ingredients

3 parts Kahlúa

3 parts Baileys Irish Cream

4 parts Grand Marnier

Method of drinking

Cheers.

Grand Marnier

Baileys

Kahlúa

一头撞死

WAY TO THE HELL

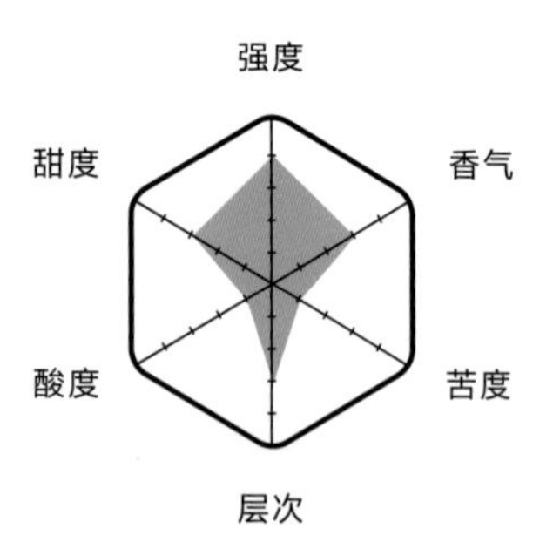

材料 5份 君度橙酒
4份 伏特加
1份 柠檬角

做法 在成品杯中依次注入君度橙酒→伏特加，饮用前挤入柠檬汁即可。
※柠檬汁会浮在两层酒中间。

喝法 一饮而尽。

Ingredients

5 parts Cointreau

4 parts Vodka

1 part Lemon Wedge

Method of drinking

Bottoms up.

有志难伸，怀才不遇，天纵英明，羞愤难填。唉……一头撞死，干了吧！

Lemon Wedge

Vodka

Cointreau

Bourbon Whiskey
Lemon Juice
Southern Comfort

DOWN ON ME

都怪我

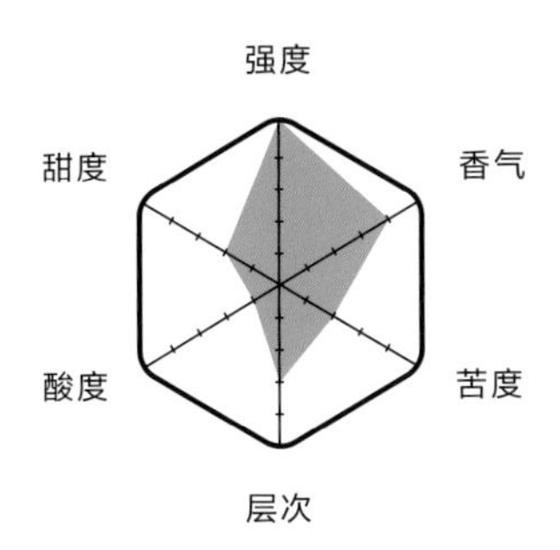

材料 5份 南方安逸香甜酒
4份 波本威士忌
1份 新鲜柠檬汁

做法 在成品杯中依次注入南方安逸香甜酒→波本威士忌→新鲜柠檬汁即可。

喝法 一饮而尽。

Ingredients

5 parts Southern Comfort

4 parts Bourbon Whiskey

1 part Lemon Juice

Method of drinking

Bottoms up.

一饮而尽，就让我在温暖的南国，安息灵魂，腐败我的灵魂吧！

OTHERS

Sambuca

SAMBUCA FLY

希腊苍蝇

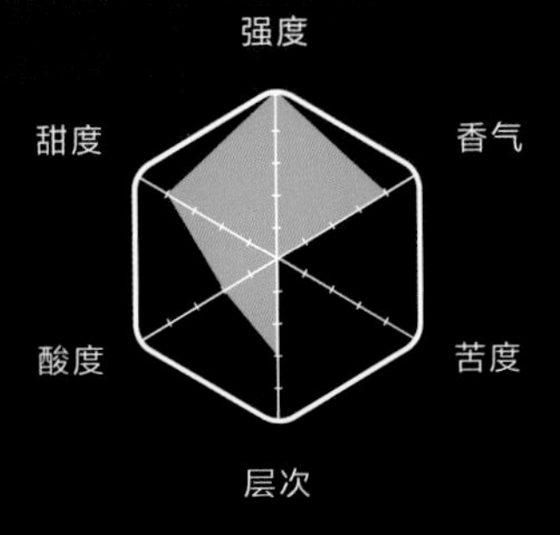

材料 10份 茴香香甜酒

装饰 咖啡豆两三颗

做法 在成品杯中注入茴香香甜酒即可。

喝法 将酒倒满，放入咖啡豆，点火燃烧一下，待温度降低一点直接饮用即可。

Ingredients
10 parts Sambuca

Garnishes
2 or 3 Coffee Beans

Method of drinking
Drop coffee beans onto Sambuca filled shot glass, light the shot and drink after it cools a bit.

八角、茴香、桂皮……不是要卤猪脚，这是一种希腊著名的香甜酒Sambuca。餐后丢两三颗咖啡豆在杯中点火，烧出咖啡的焦香味，一饮而尽，好满足！

INDEX
索 引

OKINAWA'S TEARS 琉球王的眼泪

MONICA / 吴钰柔

BLACK PINK 黑色粉红

PAAN 包叶仔

MEDUSA 蛇魔女

SUNDAY 星期日

PEAR SALAD 洋梨沙拉

CHOCOLATE HONEY 巧克力甜心

MISTRESS 秘爱

ROCK COCOA 摇滚可可

A BUNCH OF HEARTS 一串心

小君 / 林家君

MORNING 晨

GUT BLESS U! 肠胃棒棒

LADY IN THE MOON 嫦娥

CHURCH 修道院

TAKE OFF 起飞

OPEN SESAME 芝麻开门

NOTHING LIKE PLUM 不要“李”了

THAI-U-UP 泰泰有事吗

OKINAWA SALUTE 冲绳礼炮

万万 / 万清岑

ACHAEAN'S GIFT 希腊礼物

UME 乌梅

CHOCOLATE CAKE 巧克力蛋糕

WHITE FOREST 白色森林

CUCUMBER 青瓜

TAPAS 帽子

RED HEART CHARLIE 红心查理

CHERRY 华盛顿的樱桃

ALMOND PIE 杏仁派

GIANT 巨人

SUKAZ / 豫诠

DAYDREAM 白日梦

CANDIED APPLE 伊甸园

CANDIED PINEAPPLE 初夏

PEANUT COOKIE 沙漠绿洲

COUNT RIDICULOUS 荒唐伯爵

DRUNKEN MANGO 醉芒茫

MINI OLD FASHIONED 小老头

CEREAL 巧克力脆片

PASSIONATE SOUTH 埔里之光

杰西 / 王泷贤

SWEET DREAMS 甜美的梦

KIWI JAZZ 奇异爵士

FORBIDDEN FRUIT OF VINCENT 文森特的禁果

BLACK HOLE SUN 黑洞太阳

小佑 / 陈建佑

HONEY LEMON ICE JADE 爱玉

MIKI / 薛庭欢

POISONED APPLE 毒苹果

Ballantine's
BALVENIE

ARDMORE
LAPHROAIG
LAPHROAIG
SCOTTISH COLLIE

图书在版编目（CIP）数据

一口干！TRIO’s 101 SHOTS / 三重奏团队（TRIO）著.
—北京：中国民族文化出版社有限公司，2019.9
ISBN 978-7-5122-1231-2

Ⅰ. ①一… Ⅱ. ①三… Ⅲ. ①鸡尾酒－调制技术
Ⅳ. ①TS972.19

中国版本图书馆CIP数据核字（2019）第157334号

著作权合同登记号：图字01-2019-5492

一口干！TRIO’s 101 SHOTS

作　　者：三重奏团队（TRIO）
摄　　影：王正毅
美术设计：李佳隆
策划编辑：张淳盈
版权引进：陈　馨
责任编辑：张　宇
装帧设计：水长流文化发展有限公司
出　　版：中国民族文化出版社
地　　址：北京市东城区和平里北街14号（100013）
发　　行：010-64211754　84250639
印　　刷：天津科创新彩印刷有限公司
开　　本：889mm×1194mm　1/20
印　　张：13.5
字　　数：80千字
版　　次：2019年11月第1版第1次印刷
书　　号：ISBN 978-7-5122-1231-2
定　　价：108.00元